今すぐ使える かんたん
Photoshop CC

Imasugu Tsukaeru Kantan Series : Photoshop CC

技術評論社

本書をお読みになる前に

●本書に記載された内容は、情報の提供のみを目的としています。したがって、本書を用いた運用は、必ずお客様自身の責任と判断によって行ってください。ソフトウェアの操作や掲載されているプログラム等の実行結果など、これらの運用の結果について、技術評論社および著者、サービス提供者はいかなる責任も負いません。

●本書記載の情報は、2018年5月現在のものを掲載しています。ご利用時には変更されている場合もあります。ソフトウェア等はバージョンアップされる場合があり、本書での説明とは機能内容や画面図などが異なってしまうこともあり得ます。本書ご購入の前に、必ずバージョン番号をご確認ください。

●本書の内容は、以下の環境で動作を検証しています。

Adobe Photoshop CC 2018
Windows 10 Home
macOS High Sierra

●ショートカットキーの表記は、Windows版Photoshopのものを記載しています。macOS版Photoshopで異なるキーを使用する場合は、( )内に補足で記載しています。

以上の注意事項をご承諾いただいた上で、本書をご利用願います。これらの注意事項をお読みいただかずにお問い合わせいただいても、技術評論社および著者、サービス提供者は対処しかねます。あらかじめ、ご承知おきください。

■ 本文中の会社名、製品名は各社の商標、登録商標です。また、本文中ではTMや®などの表記を省略しています。

はじめに

　私は、Adobe認定インストラクターとして、みなさんがこれから学習するPhotoshopをはじめとしたAdobe製品の研修講師をしています。これまでたくさんの受講者の方々にお会いしてきました。Photoshopを使えるようになりたい動機は、人それぞれです。Photoshopが使えるようになると、写真画像の色調補正、レタッチ、合成などができるようになります。さまざまな表現ができる高機能で使っていて楽しい魅力的なソフトです。

　Photoshopは、デザインの現場でスタンダードソフトとして使われていて、"デザイナーが使う専門性が高いソフト"という印象が強かったですが、今は、デザインの現場に限らず、仕事や趣味などで個人が自由に使える機会が増え、敷居も下がってきたように思います。

そんな中、私は、Photoshopを使えるようになりたいたくさんの人達にとって、Photoshopを「楽しく便利で身近なものに」感じていただけるように、日々、勉強・研究を重ねております。

　本書は、これからPhotoshopをはじめる入門者に向けて、今すぐ使えそうな基本かつ定番機能を、できるだけ「かんたん」にまとめたものです。また、総合演習として、作品制作も盛り込みました。最初から読み進めて、手を動かしながら慣れていきましょう。慣れてきたら、目的別にピックアップして読むのもよいでしょう。総合演習にもチャレンジして、ぜひ成果を実感してください。

本書がみなさんのPhotoshopの学習において、お役に立てば嬉しいです。みなさんにとって、Photoshopが楽しく便利で身近なものになりますように。

2018年6月　まきの ゆみ

本書の使い方

本書は、Adobe Photoshop CCの使い方を解説した書籍です。
本書の各セクションでは、画面を使った操作の手順を追うだけで、Photoshop CCの各機能の使い方がわかるようになっています。操作の流れに番号を付けて示すことで、操作手順を追いやすくしてあります。

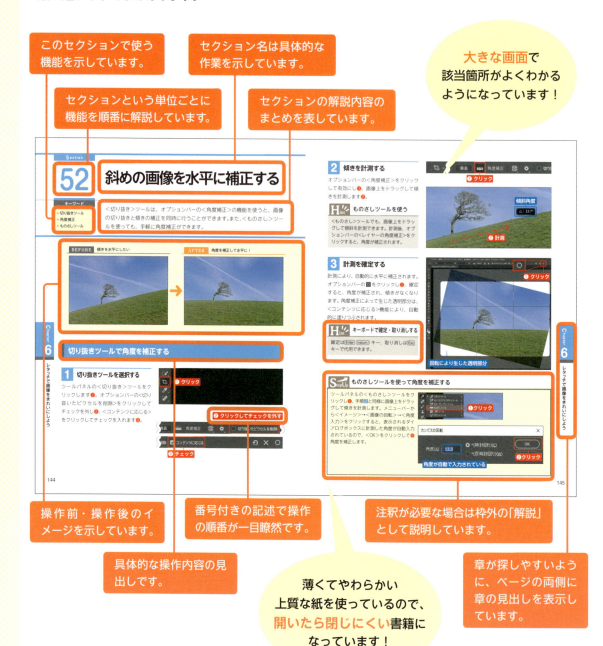

サンプルファイルのダウンロード

本書で使用しているサンプルファイルは、以下のURLのサポートページからダウンロードすることができます。ダウンロードしたときは圧縮ファイルの状態なので、展開してから使用してください。

```
http://gihyo.jp/book/2018/978-4-7741-9826-2/support
```

サンプルファイルをダウンロードする

1 ブラウザー（ここではMicrosoft Edge）を起動します。

2 ここをクリックしてURLを入力し、Enterを押します。

3 表示された画面をスクロールし、＜ダウンロード＞にある＜サンプルファイル＞をクリックすると、

4 ファイルがダウンロードされるので、＜保存＞をクリックします。

ダウンロードした圧縮ファイルを展開する

1 エクスプローラーで＜ダウンロード＞フォルダーを表示し、

2 ダウンロードしたファイルをクリックします

3 ＜展開＞タブをクリックして、

4 ＜すべて展開＞をクリックし、

5 ＜展開＞をクリックすると、ファイルが展開されます。

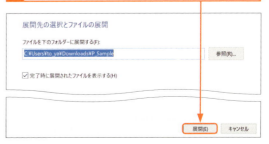

目 次

Chapter 1 Photoshopの利用環境を整えよう

Section 001	Photoshopでできること	012
Section 002	Adobe IDを取得する	014
Section 003	Photoshopをインストールする	016
Section 004	Photoshopを起動・終了する	020
Section 005	ワークスペースを確認する	022
Section 006	ツールパネルを操作する	024
Section 007	パネルを操作する	030

Chapter 2 Photoshopの基本操作を身に付けよう

Section 008	ファイルを開く・閉じる	036
Section 009	画面を操作して作業しやすくする	038
Section 010	新しいファイルを作成する	042
Section 011	ファイルを保存する	044
Section 012	作業履歴をさかのぼる	048

Chapter 3 色調補正で画像の色や明るさを調整しよう

Section 013	画像の種類を確認する	052
Section 014	画像解像度とは	054
Section 015	カラーモードとは	056
Section 016	レイヤーとは	058
Section 017	調整レイヤーのしくみを知る	060
Section 018	レベル補正で画像の明暗を調整する	062
Section 019	トーンカーブで明暗を調整する	066

006

CONTENTS

Section 020 画像の一部の明暗を調整する …………………… 070

Section 021 画像の鮮やかさを調整する ………………………… 072

Section 022 セピア調にする …………………………………… 074

Section 023 画像の彩度を自然に調整する …………………… 076

Section 024 画像の一部の彩度を調整する …………………… 078

Section 025 色のバランスを変えて偏りをなくす …………… 080

Section 026 画像を白と黒の2階調にする ………………… 082

Section 027 画像を白黒にする …………………………………… 084

Section 028 画像のカラーをグラデーションに置き換える …… 086

Section 029 複数の画像の色調を統一する …………………… 088

Chapter 4 選択範囲を使いこなそう

Section 030 選択範囲を作成する ………………………………… 092

Section 031 長方形や楕円形で範囲を選択する …………… 096

Section 032 フリーハンドでおおまかな範囲を選択する …… 098

Section 033 多角形を選択する …………………………………… 100

Section 034 すばやく自動的に選択する …………………… 102

Section 035 似たカラーの範囲を選択する …………………… 104

Section 036 選択範囲を反転する ………………………………… 106

Section 037 選択範囲を色に置き換える …………………… 108

Section 038 パスを選択範囲に変換する …………………… 110

Section 039 似た色を選択して選択範囲を広げる …………… 112

Chapter 5 レイヤーを操作できるようになろう

Section 040 レイヤーの種類を確認する …………………… 116

007

目 次

Section **041**	レイヤーを操作する	118
Section **042**	レイヤーを移動する	120
Section **043**	新規レイヤーを作成する	122
Section **044**	複数のレイヤーを1つにまとめる	124
Section **045**	オブジェクトを操作する	126
Section **046**	オブジェクトを整列する	128

Chapter **6** レタッチで画像をきれいにしよう

Section **047**	細かいキズを消す	132
Section **048**	不要な細い線を消す	136
Section **049**	細かいキズやほこりを消す	138
Section **050**	大ぶりな不要物を消す	140
Section **051**	画像の一部を切り抜く	142
Section **052**	斜めの画像を水平に補正する	144
Section **053**	カンバスサイズを大きくする	146
Section **054**	足りない画像を自然に伸ばす	148

Chapter **7** 画像合成で作品に仕上げよう

Section **055**	画像の一部を隠して自然に合成する	152
Section **056**	2つの画像を重ねる	158
Section **057**	選択範囲内へ別の画像を差し込む	162
Section **058**	丸や四角などの図形で画像をくり抜く	166
Section **059**	画像や補正内容を直下のレイヤーのみに適用する	168
Section **060**	塗りつぶしを作成する	170
Section **061**	描画モードを活用して画像にさまざまな効果を加える	172

CONTENTS

Section 062 デザイン案を比較する …………………………………………… 176
Section 063 画像を配置する …………………………………………………… 178

Chapter 8 フィルター・レイヤースタイルを上手に使おう

Section 064 スマートフィルターを活用する ………………………………… 182
Section 065 画像をシャープにする ……………………………………………… 184
Section 066 画像をぼかして柔らかい印象にする ……………………………… 186
Section 067 画像の一部にフィルターをかける ………………………………… 188
Section 068 フィルターギャラリーを活用する ………………………………… 190
Section 069 文字に縁取りをする ………………………………………………… 196
Section 070 オブジェクトに影を付ける ………………………………………… 198
Section 071 オブジェクトを立体的にする ……………………………………… 200
Section 072 オブジェクトの配色を変更する …………………………………… 202
Section 073 オブジェクトに光彩を付ける ……………………………………… 204

Chapter 9 ペイント機能を使いこなそう

Section 074 描画色と背景色とは ………………………………………………… 208
Section 075 スウォッチパネルからカラーを選択する ………………………… 210
Section 076 カラーパネルでカラーを作成する ………………………………… 212
Section 077 カラーピッカーでカラーを作成する ……………………………… 214
Section 078 ブラシツールで描画する …………………………………………… 216
Section 079 ブラシをカスタマイズする ………………………………………… 218
Section 080 オリジナルのグラデーションを作成する ………………………… 222
Section 081 似たカラーの範囲を塗りつぶす …………………………………… 224
Section 082 不要な箇所を消去する ……………………………………………… 226

009

目 次

Chapter 10 シェイプとパスで自在に描画しよう

Section 083 シェイプとパスを確認する ………………………………… 230
Section 084 直線（オープンパス）を描く ………………………………… 232
Section 085 直線で単純な図形（クローズパス）を描く ……………… 234
Section 086 曲線を描く ………………………………………………… 236
Section 087 直線と曲線の連続した線を描く ………………………… 238
Section 088 曲線と曲線の連続した線を描く ………………………… 240
Section 089 アンカーポイントを追加・削除する …………………… 242
Section 090 アンカーポイントを切り替える ………………………… 244
Section 091 カスタムシェイプを定義する …………………………… 248
Section 092 パターンを定義して模様を作る ………………………… 250
Section 093 Illustratorのパスを活用する …………………………… 256
Section 094 パスの境界線を描く ……………………………………… 258

Chapter 11 文字の入力・編集をマスターしよう

Section 095 文字の入力方法を確認する ……………………………… 262
Section 096 文字を設定する …………………………………………… 264
Section 097 段落を設定する …………………………………………… 266
Section 098 文字にワープをかける …………………………………… 268
Section 099 文字を画像化する ………………………………………… 270

Chapter 12 総合演習

Section 100 バナーを作成する ………………………………………… 274

索引 ……………………………………………………………………… 286

Chapter 1

Photoshopの
利用環境を整えよう

ここでは、Photoshopでどんなことが
できるかを確認しましょう。また、
Adobe ID（アカウント）の取得や
Photoshopのインストール方法など、
Photoshopの利用環境を整える方法を
ご紹介します。利用環境が整ったら、
Photoshopを起動し、画面構成を確認
しましょう。

Section

1 Photoshopでできること

キーワード
- 色調補正
- 画像合成
- レイヤー

Adobe Photoshopは、グラフィックデザインやWebデザインなどで使用されるレタッチ系アプリケーションソフトです。ここでは、Photoshopで何ができるかを確認してみましょう。

Adobe Photoshopとは

Adobe Photoshop CC（以下Photoshop）は、Adobe Systems（以下Adobe社）が開発した画像編集アプリケーションソフトで、主にイラストレーションやWebなどといったデザインの分野で利用されています。写真の色調補正や画像合成を中心としたさまざまな機能が豊富に用意されており、写真を別の作品のように変えることもできます。

IllustratorやInDesign、Dreamweaverなど、ほかのAdobe社のアプリケーションソフトとの連携も取りやすく、デザイン分野では、これらのアプリケーションソフトを組み合わせて効率よくデザインを行うこともできます。

さまざまな機能が用意されている

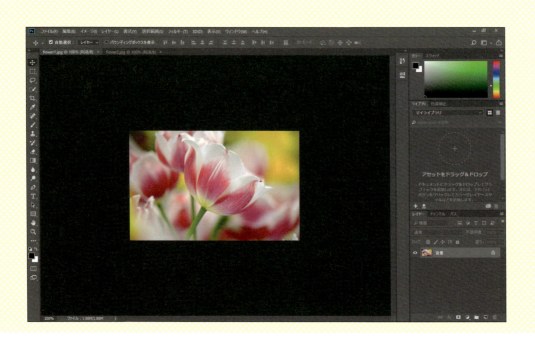

画像の色調補正ができる

デジカメなどで撮影した画像は、そのままでは見た目がよくない場合があります。例えばもう少し明るくしたい、もう少し鮮やかにしたい、というときは、Photoshopを使えば手軽に写真を補正できます。本書では、調整レイヤー（P.60）という機能を使って、色調補正します。

以下の例は、調整レイヤーの＜色相・彩度＞（P.72）という機能を使って、果物の画像をより鮮やかにし、フレッシュな印象に補正したものです。

BEFORE　フレッシュさが足りない

AFTER　鮮やかにしてフレッシュな印象に！

画像を合成できる

複数の画像を組み合わせて、思いがけない表現ができるのが画像合成であり、Photoshopの醍醐味ともいえます。

以下の例は、レイヤー（P.116）という機能を使って、2つの画像を合成し、別のイメージにしたものです。

BEFORE　2つの画像を用意する

AFTER　画像合成して別のイメージに！

Chapter 1 Photoshopの利用環境を整えよう

Section 2 Adobe IDを取得する

キーワード
- Adobe Creative Cloud
- Adobe ID
- アカウント

PhotoshopをはじめとしたAdobe製品を購入・利用するには、Adobeへの会員登録が必要です。AdobeのWebサイトで会員登録を行ってAdobe IDを取得すると、製品の購入や体験版のダウンロードなどができます。

Adobe Creative Cloudとは

Adobe製のさまざまなアプリケーションソフトは、**Adobe Creative Cloud**というサービスを利用してダウンロードします。以前は、店頭などでパッケージ製品を比較的高価な価格で購入するスタイルでしたが、現在は、クラウドを利用して、より幅広い人々が利用しやすい環境が整ってきています。

まずは、**AdobeのWebサイト(https://www.adobe.com/jp/)** にアクセスしてみましょう。気軽に試せる体験版(7日間無料)も用意されています。

アプリケーションソフトを利用するには、最初に**Adobe ID**と呼ばれるアカウントを取得する必要があります。取得したIDにより、Adobe Creative Cloudのさまざまなサービスの管理を行うことができます。

Adobe ID（アカウント）を取得する

1 Webサイトにアクセスする

最初に、WebブラウザーでAdobeのWebサイト（https://www.adobe.com/jp/）にアクセスし、ログインをクリックします❶。

2 Adobe IDを取得する

ログイン画面に移動します。＜Adobe IDを取得＞をクリックします❶。

Memo すでにAdobe IDがある場合

すでにAdobe IDを持っている場合は、電子メールアドレスとパスワードを入力してログインしましょう。

3 必要事項を入力する

入力画面が表示されるので、氏名とフリガナ、メールアドレスと希望するパスワードを入力します❶。生年月日を設定し❷、＜Adobe IDを取得＞をクリックします❸。

Hint パスワードの要件

パスワードの入力欄をクリックすると、有効なパスワードの要件が表示されます。要件を満たさないパスワードを入力すると入力欄の枠が赤くなり、エラーとなります。

4 Adobe IDが取得できた

登録したメールアドレスに確認のメールが届くので、＜電子メールを確認＞をクリックすると、Adobe IDの取得が完了し、ログインされた状態の画面に切り替わります。画面左にはユーザー名が表示されています。

Chapter 1 Photoshopの利用環境を整えよう

Section 3 Photoshopをインストールする

キーワード
- Adobe Creative Cloud
- Adobe ID
- インストール

ここでは、Photoshopのインストール方法を解説します。Adobe Creative Cloudから、Photoshopをダウンロードしてインストールすると、すぐに利用することができます。

Adobe Creative Cloudのプランについて

Photoshopには、製品版と体験版があります。どんなアプリケーションなのか試してみたい場合は、体験版をインストールして使ってみてもよいでしょう。また、製品版には、さまざまなプランが用意されています。**コンプリートプラン**は、Creative Cloudのすべてのアプリケーションが利用でき、**単体プラン**は、特定のアプリケーションだけを利用できます。また、**フォトプラン**は写真に特化したプランで、Photoshopのほか、Lightroom CC、Lightroom Classic CCが利用できます。目的に応じたプランを選択して利用しましょう。

なお、Creative Cloudアプリを利用すると、すべてのアプリケーションを一括で管理でき、インストールやアップデートがすばやく行えます。

コンプリートプランなら、これらCreative Cloudのアプリをすべて利用できる

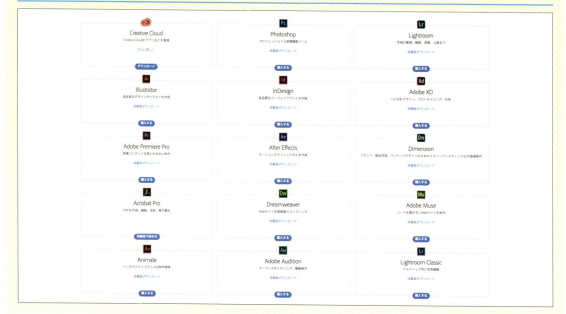

Photoshopをインストールする

1 メニューを表示する

P.15を参考にしてログインします。画面左端の＜CREATIVE CLOUD＞の＜デスクトップ＞をクリックします❶。

2 購入ボタンをクリックする

＜デスクトップアプリ＞の画面に切り替わり、すべてのアプリケーションの情報が見られます。Photoshopの＜購入する＞をクリックします❶。

3 プランを選択する

プランの選択画面が表示されます。ここでは「単体プラン」を利用するので、＜単体プラン＞の下にある契約プラン（ここでは＜年間プラン（月々払い）＞）を選択し❶、＜購入＞をクリックします❷。

Hint 契約プランの違い

契約プランには、1年間の契約で料金を毎月支払う「年間プラン（月々払い）」、1年間の契約で料金を一括で支払う「年間プラン（一括払い）」、月ごとに契約を更新する「月々払い」の3種類があります。長期間利用するなら、年間プランのほうが料金が少し安くなります。なお、年間プラン（一括払い）のみ、銀行振込およびコンビニエンスストアでの支払いが可能です。

Chapter 1 Photoshopの利用環境を整えよう

017

4 支払い情報を登録する

支払い方法（ここでは「クレジットカード」）を選択し❶、名前、フリガナ、カード番号、カードの有効期限、郵便番号を入力します❷。内容を確認して＜注文する＞をクリックします❸。

Hint 支払い方法の変更

ここでは手順3で「年間プラン（月々払い）」を選択しているので、支払い方法は自動的に「クレジットカード」になります。契約プランが「年間プラン（一括払い）」の場合のみ、支払い方法をクリックして選択できます。

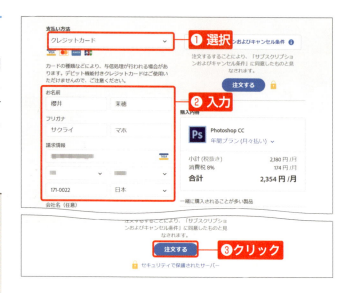

5 注文が完了した

注文が完了し、確認のメールが登録したメールアドレスに送信されます。アプリケーションをインストールするため、＜今すぐ始める＞をクリックします❶。

6 ダウンロードを開始する

Photoshopの経験や利用目的、利用環境の項目を選択し❶、＜続行＞をクリックすると❷、Photoshopのインストーラーがダウンロードされます。ダウンロードが完了したら、ファイルをダブルクリックして開き、手順に沿ってインストールを進めます。

Creative Cloudアプリを利用する

1 Creative Cloudをダウンロードする

P.17の手順2の画面で、Creative Cloudの＜ダウンロード＞をクリックします❶。

2 Creative Cloudをインストールする

ダウンロード画面が表示されます。P.18手順6を参考にCreative Cloudの経験や利用目的などを選択し❶、＜続行＞をクリックすると❷、Creative Cloudがダウンロードされます。ダウンロードされたファイルをダブルクリックし、手順に従ってアプリケーションをインストールします。

3 Creative Cloudにログインする

P.20手順1を参考に＜Adobe Creative Cloud＞を起動します。ログイン画面が表示されるので、Adobe IDとパスワードを入力し❶、＜ログイン＞をクリックします❷。

4 マイアプリを確認する

＜Apps＞をクリックすると❶、利用できるアプリケーションとサービスが一覧に表示されます。ここからインストール済みのアプリケーションを起動したり、新しくアプリケーションをインストールしたりできます。更新のあったアプリケーションもここで通知されます。

Section

4 Photoshopを起動・終了する

キーワード
▶ 起動
▶ 終了
▶ ワークスペース

起動と終了は、Photoshopを使うときに必ず行う操作です。タスクバーやDockから起動できるようにしたり、ショートカットを利用したりしてみましょう。

Photoshopを起動する（Windows）

1 スタートメニューを表示する

スタートボタンをクリックし❶、＜Adobe Photoshop CC 2018＞をクリックします❷。

2 Photoshopが起動した

Photoshopが起動します。初期設定では＜スタート＞ワークスペースが表示されます。

Photoshopが起動した

Hint ワークスペースの変更

Photoshopをはじめて起動したときは、右図のように何もない＜スタート＞ワークスペースが表示されます。以降は、過去に開いた画像の履歴が表示されます。

020

Photoshopを終了する（Windows）

1 メニューから終了する

メニューバーの＜ファイル＞をクリックし①、＜終了＞をクリックすると②、Photoshopが終了します。

Hint 開いているファイルの保存

作業の途中で終了しようとすると、ファイルの保存を確認するダイアログボックスが表示されます。必要に応じてファイルを保存（P.44）しましょう。

StepUp タスクバーにピン留めする（Windows）

Windows 10やWindows 8.1では、PhotoshopのアイコンをWindowsのタスクバーにピン留めしておくと、より簡単に起動できるようになります。起動時にタスクバーに表示されるPhotoshopアイコンを右クリックし①、表示されるメニューから＜タスクバーにピン留めする＞をクリックします②。以降はタスクバーのアイコンをクリックするだけで、すばやく起動できるようになります。

Photoshopを起動／終了する（Mac）

1 Photoshopを起動する

Finderのサイドバーから＜アプリケーション＞をクリックし①、＜Adobe Photoshop CC 2018＞→＜Adobe Photoshop CC 2018＞をダブルクリックすると②、Photoshopが起動します。

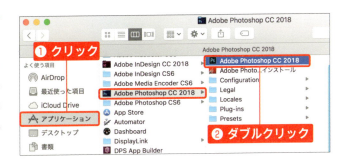

2 Photoshopを終了する

メニューバーの＜Photoshop CC＞をクリックし①、＜Photoshop CCを終了＞をクリックすると②、Photoshopが終了します。

Chapter 1 Photoshopの利用環境を整えよう

021

Section

5 ワークスペースを確認する

キーワード
- ワークスペース
- 初期設定をリセット
- ツールパネル

ここではPhotoshopを起動して表示される画面（ワークスペース）の構成を確認し、よく使う各部の名称を覚えましょう。ワークスペースは、リセットして整頓したり、作業目的に応じて切り替えたりすることができます。

Chapter 1 Photoshopの利用環境を整えよう

Photoshopのワークスペースを確認する

❶メニューバー　❸オプションバー　❺ドック　❹パネル　❻ドキュメントタブ　❷ツールパネル　❼ステータスバー

❶メニューバー	ファイルを開く、Phoroshopを終了するなど、さまざまなコマンドを実行します
❷ツールパネル	作業をする際に使用するツール（道具）が格納されています
❸オプションバー	ツールパネルで選択したツールの詳細な設定を行います
❹パネル	画像を編集するための目的別の機能がまとめられたウィンドウです
❺ドック	パネルをアイコン形式で格納したものです
❻ドキュメントタブ	ファイル名やカラーモードなどが表示されます。複数のファイルを開いている場合は、クリックで切り替えることができます
❼ステータスバー	クリックすると、解像度（P.54）などが表示されます

ワークスペースをリセットする

1 メニューからリセットする

さまざまな作業をするうちに、パネルは動かしたりして乱雑になりがちです。そのようなときは、ワークスペースのリセットが便利です。

ワークスペースをリセットするには、メニューバーの＜ウィンドウ＞をクリックし❶、＜ワークスペース＞→＜○○をリセット＞をクリックします❷。ここでは、事前に＜初期設定＞ワークスペースを設定していたので、＜初期設定をリセット＞を選択しました。

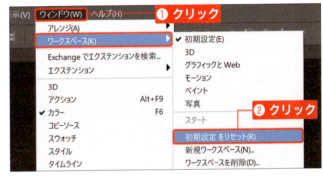

2 ワークスペースがリセットされた

ワークスペースがリセットされ、乱雑になったパネルが整頓されました。

StepUp さまざまなワークスペース

ワークスペースとは、パネルやウィンドウなどの画面構成のことです。ユーザーの作業目的に応じて、さまざまなワークスペースに切り替えることができます。本書では、＜初期設定＞ワークスペースで解説します。

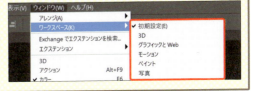

Section

6 ツールパネルを操作する

キーワード
▶ ツールパネル
▶ ツールの切り替え
▶ スクリーンモード

ツールパネルは、作業で使用するさまざまなツール（道具）が格納された道具箱のようなものです。ツールの切り替えは頻繁に行いますので、目的のツールを効率よく探して使えるようになりましょう。

ツールパネルの各部名称と基本操作

画面左側に表示されるツールパネルには、作業で使用するさまざまなツール（道具）が豊富に用意されています。役割別に以下の4つに分かれているので、目的のツールを探す際の目安にしましょう。

❶ 選択・切り抜き・情報収集系
❷ ペイント・レタッチ系
❸ 描画系
❹ 画面表示系

ツールパネルの ≫ をクリックすると❶、一列表示と二列表示を切り替えることができます。アイコンの右下に ▪ があるツールは、ツールアイコンの上を長押しすると❷、サブツールが表示されます。

ツールパネルを元の状態に戻したいときは、••• を長押しし❸、＜ツールバーを編集＞をクリックして、＜ツールバーをカスタマイズ＞ウィンドウで＜初期設定に戻す＞→＜完了＞をクリックします。

Hint　隠れているツールの切り替え

ツールアイコンの上を、Alt (option) キーを押しながらクリックすると、クリックするたびに、隠れているツールに順次切り替えることができます。

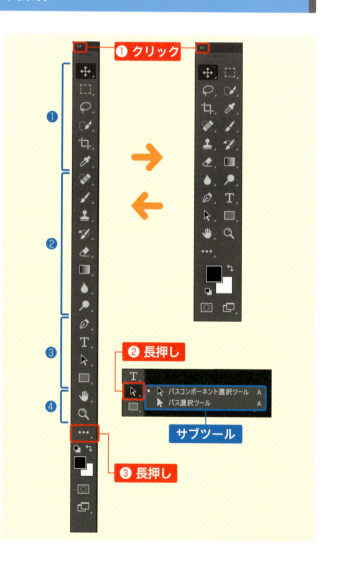

ツール・サブツール一覧

❶ 選択・切り抜き・情報収集系のツール

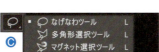

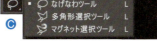

グループ	ツール名	役割
Ⓐ	移動	選択範囲内の画像、ガイドなどを移動します
	アートボード	アートボード（P.43）を作成します
Ⓑ	長方形選択	選択範囲を長方形で指定します
	楕円形選択	選択範囲を円形または楕円形で指定します
	一行選択	選択範囲を高さ1ピクセルの水平で指定します
	一列選択	選択範囲を幅1ピクセルの垂直で指定します
Ⓒ	なげなわ	ドラッグ操作の軌跡を選択範囲にします
	多角形選択	クリックしたポイントが頂点となる選択範囲を指定します
	マグネット選択	ドラッグして画像のエッジに沿った選択範囲を指定します
Ⓓ	クイック選択	丸いブラシを使用して、色を自動検知して選択します
	自動選択	クリックした部分の近似色を選択します
Ⓔ	切り抜き	選択範囲をトリミングします
	遠近法の切り抜き	遠近感を調整してトリミングします
	スライス	Web用に画像を分割します
	スライス選択	スライスした画像を選択します
Ⓕ	スポイト	画像内のカラーをサンプリングします
	3Dマテリアルスポイト	3Dマテリアルの属性を記憶します
	カラーサンプラー	最大4箇所のカラー値をサンプリングし、＜情報＞パネルに表示します
	ものさし	距離・座標・角度を測定します
	注釈	注釈を作成して、画像に追加します
	カウント	画像内のオブジェクトをカウントします

❷ ペイント・レタッチ系のツール

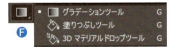
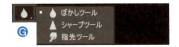

グループ	ツール名	役割
Ⓐ	スポット修復ブラシ	不要物を除去します
	修復ブラシ	サンプルを使って不要物をシームレスに除去します
	パッチ	不要物を囲んで除去します
	コンテンツに応じた移動	選択範囲をシームレスに移動します
	赤目修正	フラッシュで生じる赤目を修正します
Ⓑ	ブラシ	ブラシで描いたような線を描画します
	鉛筆	鉛筆で描いたような輪郭のはっきりした線を描画します
	色の置き換え	選択したカラーを新しいカラーに置き換えます
	混合ブラシ	カラーの混合やにじむ度合いを調整して描画します
Ⓒ	コピースタンプ	サンプルを使って不要物を除去します
	パターンスタンプ	パターンを使ってペイントします
Ⓓ	ヒストリーブラシ	ヒストリー・スナップショットのコピーを使ってペイントします
	アートヒストリーブラシ	ヒストリー・スナップショットのコピーを使って、さまざまなスタイルでペイントします
Ⓔ	消しゴム	ピクセルを消去します（背景レイヤー時は、背景色になります）
	背景消しゴム	ピクセルを消去します
	マジック消しゴム	クリックした部分の近似色のピクセルを消去します
Ⓕ	グラデーション	グラデーションでペイントします
	塗りつぶし	クリックした部分の近似色を、描画色かパターンで塗りつぶします
	3Dマテリアルドロップ	3Dマテリアルを、カラーやマテリアルで塗りつぶします
Ⓖ	ぼかし	画像の一部をぼかします
	シャープ	画像の一部をシャープにします
	指先	画像の一部をこすります
Ⓗ	覆い焼き	画像の一部を明るくします
	焼き込み	画像の一部を暗くします
	スポンジ	画像の一部の彩度を調整します

❸ 描画系のツール

グループ	ツール名	役割
Ⓐ	ペン	直線や曲線のシェイプまたはパスを描画します
	フリーフォームペン	フリーハンドで自由な線を描画します
	曲線ペン	滑らかな曲線を描画します
	アンカーポイントの追加	パスにアンカーポイントを追加します
	アンカーポイントの削除	パスからアンカーポイントを削除します
	アンカーポイントの切り替え	アンカーポイントを切り替えます（スムーズポイント⇔コーナーポイント）
Ⓑ	横書き文字	横書きの文字列やテキストエリアを作成・編集します
	縦書き文字	縦書きの文字列やテキストエリアを作成・編集します
	縦書き文字マスク	縦書き文字の形状の選択範囲を作成します
	横書き文字マスク	横書き文字の形状の選択範囲を作成します
Ⓒ	パスコンポーネント選択	パス全体を選択します
	パス選択	パスのアンカーポイントやセグメントを選択します
Ⓓ	長方形	長方形のシェイプ・パス・ピクセルを描画します
	角丸長方形	角丸長方形のシェイプ・パス・ピクセルを描画します
	楕円形	楕円形のシェイプ・パス・ピクセルを描画します
	多角形	多角形のシェイプ・パス・ピクセルを描画します
	ライン	線のシェイプ・パス・ピクセルを描画します
	カスタムシェイプ	さまざまな形状のシェイプ・パス・ピクセルを描画します

❹ 画面表示系のツール

グループ	ツール名	役割
Ⓐ	手のひら	表示位置を移動します
	回転ビュー	画像を変形することなくカンバスを回転します
Ⓑ	ズーム	表示倍率を調整します

カラーの設定

カラー選択ボックスには、現在選択されている2つの色が表示されています。手前の色がブラシで描画するときなどに使われる**描画色**、奥の色が画像を消したときに表示される**背景色**です(P.208)。

初期状態では描画色は黒、背景色は白に設定されています。それぞれのボックス(ここでは「描画色」)をクリックすると❶、カラーピッカーが表示され、任意の色に変更できます。

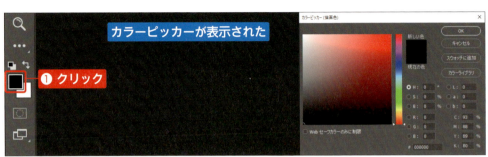

機能	役割
❶ 描画色と背景色を初期設定に戻す	クリックすると描画色と背景色が初期設定に戻ります
❷ 描画色と背景色を入れ替え	クリックして描画色と背景色を入れ替えます
❸ 描画色を設定	ボックスの上をクリックして、カラーピッカーで描画色を設定できます
❹ 背景色を設定	ボックスの上をクリックして、カラーピッカーで背景色を設定できます

クイックマスク

＜クイックマスクモードで編集＞ボタンをクリックすると、画像描画モードとクイックマスクモードを切り替えることができます。初期状態は画像描画モードです。

画像描画モード

クイックマスクモード

機能	役割
画像描画モードで編集	選択範囲を、破線で示します
クイックマスクモードで編集	選択範囲を色で塗りつぶした状態で示します(P.108)

スクリーンモードの切り替え

＜スクリーンモードを切り替え＞ボタン では、ワークスペースの表示形式を切り替えることができます。ボタンを長押しして❶、任意のモードをクリックすると❷、画面の見た目が変わります。Fキーを押して、3つのスクリーンモードを順次切り替えることもできます。

機能	役割
スクリーンモードを切り替え	下記の3種類のスクリーンモードに切り替えることができます

＜標準スクリーンモード＞
メニューバー、スクロールバーがある
初期設定のモードです。

＜メニュー付きスクリーンモード＞
ドキュメントタブとスクロールバーを非表示にし、
メニューバーを表示したモードです。

＜メニューなしフルスクリーンモード＞
画像のみを表示します。制作物の仕上がりを
確認する際に便利です。
モードを解除するには、Escキーを押します。

Section

7 パネルを操作する

キーワード
- パネル
- ドック
- タブ

パネルは、画像を編集するために目的別の機能がまとめられたウィンドウです。作業をする上で頻繁に使用しますので、目的のパネルを効率よく使用できるようになりましょう。

Chapter 1 Photoshopの利用環境を整えよう

パネルの各部名称と基本操作

パネルは、ワークスペースの右側に表示される、画像を編集するために目的別の機能がまとめられたウィンドウです。
いくつかのパネルは、タブでまとまり**パネルグループ**となります。さらに、複数のパネルやパネルグループをアイコン表示でまとめたものを**ドック**といいます。このことから、パネルをまとめることを「ドッキング」といいます。

■表示形式の切り替え
表示形式には、**パネル表示**と**アイコン表示**の2種類があります。
パネル表示のとき、パネルの右上の≫をクリックすると❶、アイコン表示に切り替わります。また、アイコン表示のとき、パネルの右上の≪をクリックすると❷、パネル表示に切り替わります。

■パネルメニューの表示
パネルの右上の■マークをクリックすると❸、**パネルメニュー**を表示できます。パネルメニューには、パネルに関する設定がリスト表示されています。

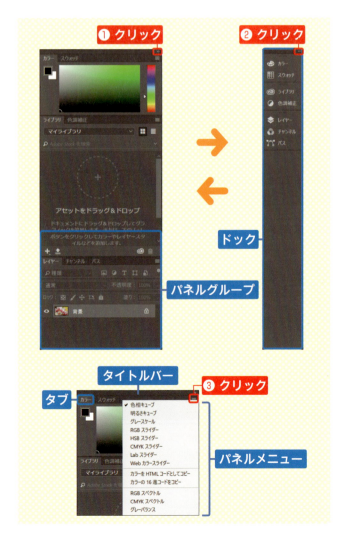

パネルを表示する

1 パネル名を選択する

メニューバーの＜ウィンドウ＞をクリックし❶、表示したいパネル名（ここでは＜文字＞）をクリックします❷。

> **Hint ドキュメントの切り替え**
>
> ＜ウィンドウ＞メニュー一覧の最下部には、現在開いているドキュメント名が表示されます。ドキュメント名を選択してチェックを入れると、表示するドキュメント（P.42）を切り替えることができます。

2 パネルが表示された

パネルが表示されました。

> **Hint パネルを非表示にするには**
>
> アイコン表示時は、アイコンをクリックするとパネルが表示され、もう一度アイコンをクリックするとパネルが非表示になります。パネル表示の場合は、パネル右上の■をクリックしてパネルメニューを表示し、＜閉じる＞をクリックします。

パネルグループのパネルを切り替える

1 タブをクリックする

パネルグループにまとめられたパネルを切り替えるには、パネル名のタブ(ここでは<スウォッチ>)をクリックします❶。

2 パネルが切り替わった

パネルが切り替わり、クリックしたパネルの機能が利用できるようになります。

パネルを最大化／最小化する

1 タブをダブルクリックする

≪をクリックし、パネルを展開しておきます。パネルのタブ(ここでは<スウォッチ>)をダブルクリックします❶。

Hint パネルを最小化するメリット

パネルを最小化すると、作業スペースの節約になります。パネルを閉じるわけではないので、必要に応じてすぐに表示できます。

2 パネルを最小化できた

パネルが最小化され、タブのみの表示になりました。タブをダブルクリックするごとに、表示が変わります。

パネルをグループから切り離す（フローティング）

1 タブをドラッグする

パネルのタブ（ここでは＜ライブラリ＞）を、パネルグループの外に向かってドラッグします❶。

2 パネルを切り離せた

マウスボタンを放すとパネルを切り離せます。パネルを任意の場所に移動するには、タイトルバーをドラッグします❶。

パネルをグループにまとめる（ドッキング）

1 パネルをまとめる

パネルのタブをドラッグして❶、任意のパネルグループの上に合わせ、青くハイライト表示されたら、ドロップします。

2 パネルがまとまった

パネルがグループにまとまります。

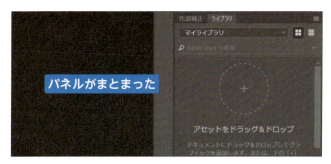

StepUp 主なパネル一覧

Photoshopではさまざまなパネルが用意されていますが、ここでは使用頻度の高い6つのパネルを紹介します。
各パネルのおおまかな機能をここで把握しておきましょう。

■レイヤー
画像ファイルのレイヤー（P.116）を表示するパネルです。

■パス
作業用パスや保存したパス（P.230）を表示するパネルです。

■ヒストリー
操作の履歴を表示するパネルです。クリックで任意の操作まで戻ることができます（P.48）。

■チャンネル
画像のカラー情報や保存した選択範囲などを表示するパネルです（P.95）。

■属性
画像の色調補正（P.60）に関する情報を表示するパネルです。

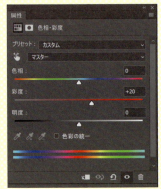

■スウォッチ
さまざまな色が登録されているパネルです。クリックで色を選択できます。

Chapter 2

Photoshopの基本操作を
身に付けよう

ここでは、Photoshopの基本操作を確
認しましょう。ファイルや画面の操作、
操作の取り消し・やり直し方法をきちん
と身につけることで、今後の作業が効
率化します。

Section

8 ファイルを開く・閉じる

キーワード
- 開く
- 閉じる
- ショートカット

ファイルを開いたり、閉じたりする操作は、作業をする上で頻繁に行われる操作です。さまざまな方法がありますが、ここではメニュー操作を紹介します。慣れてきたら、積極的にショートカットを使ってみましょう。

ファイルを開く

1 ファイルを開く

メニューバーの＜ファイル＞をクリックし❶、＜開く＞をクリックします❷。

2 ファイルを指定する

＜開く＞ダイアログボックスが表示されます。目的のファイルをクリックし❶、＜開く＞をクリックします❷。

Hint 複数のファイルを開く

複数のファイルを一度に開く場合は、Ctrl（command）キーを押しながらファイルをクリックして、複数選択します。

3 ファイルが開いた

ファイルが開きました。

Hint 複数ファイルの場合

複数のファイルを一度に開いた場合は、ドキュメントタブをクリックして切り替えます (P.22)。

ファイルを閉じる

1 ファイルを閉じる

メニューバーの＜ファイル＞をクリックし❶、＜閉じる＞をクリックします❷。

 複数のファイルを閉じる

複数のファイルを一度に閉じる場合は、＜すべてを閉じる＞をクリックします。

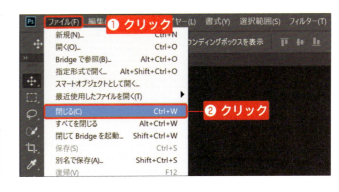

2 ファイルが閉じた

ファイルが閉じました。

 開いているファイルの保存

作業の途中で終了しようとすると、ファイルの保存を確認するダイアログボックスが表示されます。必要に応じて、ファイルを保存（P.44）しましょう。

＜スタート＞ワークスペースを非表示にする

初期設定では、ファイルを閉じると、＜スタート＞ワークスペースに切り替わります。＜スタート＞ワークスペースを非表示にするには、メニューバーの＜編集＞→＜環境設定＞→＜一般＞をクリックして表示される＜環境設定＞ダイアログの＜オプション＞の＜ドキュメントが開いていない時に「スタート」ワークスペースを表示する＞のチェックを外します。すると、選択しているワークスペースが継続されます。

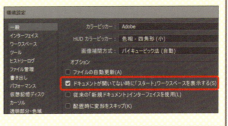

ファイルに関する操作のショートカット

より早くファイルの操作を行うには、ショートカットを活用すると、効率よく作業ができるようになります。ショートカットは、メニュー項目の右に表示されています。
- ファイルを開く・・・・・・・・・・・・・・・ Ctrl + O （command + O）キー
- ファイルを閉じる・・・・・・・・・・・・・ Ctrl + W （command + W）キー
- 新規ファイルを作成する（P.42）・・ Ctrl + N （command + N）キー
- ファイルを保存する（P.44）・・・・・ Ctrl + S （command + S）キー

Section

9 画面を操作して作業しやすくする

キーワード
- ズームツール
- 手のひらツール
- ナビゲーターパネル

画像を扱うPhotoshopでは、作業中に画面の拡大・縮小、移動などの操作が、頻繁に行われます。これらの操作を習得し、画像の必要な部分をすばやく表示できるようになりましょう。

ズームツールで画面を拡大・縮小する

1 ズームツールを選択する

ツールパネルから<ズーム>ツールをクリックし❶、オプションバーで必要な設定を行います。ここでは、<スクラブズーム>のチェックを外して無効にします❷。

Hint スクラブズーム

チェックを入れると、左にドラッグした場合は縮小、右にドラッグした場合は拡大できます。ここでは、基本の操作を確認するためにチェックを外して無効にしています。

2 画面を拡大する

画像の上にマウスポインターを合わせると、🔍が表示され、拡大モードになります。クリックすると❶、クリックした場所を起点に拡大できます。ここでは、3回クリックしました。

Hint ドラッグして拡大する

拡大したい範囲が決まっている場合は、ドラッグして必要な範囲を指定すると、その範囲だけが画面に表示されます。

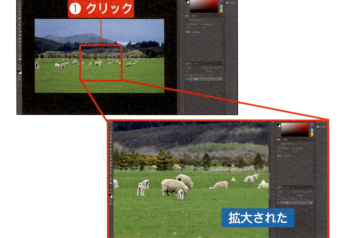

3 画面を縮小する

[Alt]（[option]）キーを押したままにすると、マウスポインターの表示が🔍に変わり、縮小モードになります。[Alt]（[option]）キーを押したままクリックすると❶、クリックした箇所を起点に縮小できます。

Hint オプションバーと連動

[Alt]（[option]）キーを押したままにすると、オプションバーの表示も連動してズームアウト🔍になります。

手のひらツールで画面を移動する

1 手のひらツールを選択する

ツールパネルから＜手のひら＞ツールをクリックします❶。

2 ドラッグして移動する

画像の上にマウスポインターを合わせると、✋が表示され、移動モードになります。ドラッグすると❶、画面の表示場所を上下左右に移動できます。

StepUp すべてのウィンドウをスクロール

複数の画像を開いている場合、オプションバーの＜すべてのウィンドウをスクロール＞にチェックを入れていずれかの画像で画面を移動すると、その他の画像でも同時に移動できます。

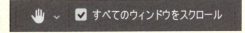

039

ナビゲーターパネルで画面を拡大・縮小、移動する

1 ナビゲーターパネルを表示する

メニューバーの＜ウィンドウ＞をクリックし❶、＜ナビゲーター＞をクリックします❷。

Memo ナビゲーターパネルとは

＜ナビゲーター＞パネルは、1つのパネルで画像の拡大・縮小、移動が行えるので便利です。

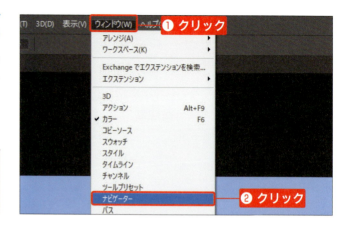

2 ナビゲーターパネルが表示された

＜ナビゲーター＞パネルが表示されました。画面上で表示されている範囲が、表示ボックス（パネル内の赤い枠線）に表示されます。

3 表示倍率を変更する

ズームスライダーを右にドラッグすると拡大され、左にドラッグすると縮小されます❶。また、ズームテキストボックスには、表示倍率が表示され、数値を入力して表示倍率を指定することもできます❷。

Hint ボタンを使う

ズームスライダーの左のズームアウトボタン▲をクリックすると縮小、スライダーの右のズームインボタン▲をクリックすると拡大できます。

4 画面を移動する

表示ボックス内にマウスポインターを合わせると、🖐が表示されます。ビューボックスの位置をドラッグすると❶、画面上で表示される範囲も対応して変わります。

Hint ビューボックス

＜ナビゲーター＞パネル内の赤枠をビューボックスといいます。ビューボックスで囲まれた領域が、現在画面で表示されている領域と対応しています。

全体表示・100%表示に切り替える

1 全体表示に切り替える

＜手のひら＞ツールをダブルクリックすると❶、全体表示に切り替わります。

Memo 全体表示とは

画像全体が見える状態です。モニターによって、全体表示のときの表示倍率は異なります。

2 100%表示に切り替える

＜ズーム＞ツールをダブルクリックすると❶、100%表示（原寸）に切り替わります。

Hint 表示メニューを使う

＜表示＞メニューには、画面表示に関する項目が用意されています。＜画面サイズに合わせる＞を選択すると全体表示になり、＜100%＞を選択すると100%表示になります。

041

Section

10 新しいファイルを作成する

キーワード
- 新規
- カンバスカラー
- カラープロファイル

画像を加工する際、既存の画像を開いて加工する以外に、ファイルを新規作成し、何もない新規ドキュメントを作成することがあります。制作物に応じて、適切な設定を行うことが重要です。

任意のサイズのドキュメントを作成する

1 メニューから作成する

メニューバーの＜ファイル＞をクリックし❶、＜新規＞をクリックします❷。

2 ドキュメントの種類を選択する

＜新規ドキュメント＞ダイアログボックスが表示されます。制作物に応じて、ドキュメントの種類を選択します。ここでは、Web用のバナーを作成すると想定し、＜Web＞をクリックします❶。

3 ドキュメント名を入力する

ドキュメント名を入力します❶。

| ドキュメント名 | banner |

4 サイズを入力する

ここでは、＜幅＞と＜高さ＞に任意の数値を入力して指定し❶、アートボードのチェックを外します❷。ドキュメントの種類が＜Web＞の場合、単位は＜ピクセル＞、解像度は＜72ピクセル/インチ＞、カラーモードは＜RGBカラー＞になっていることを確認します。

幅・高さ	250ピクセル
方向	縦長
アートボード	チェックを外す

Hint アートボード

＜アートボード＞にチェックを入れると、アートボードという独立したカンバスの中にレイヤーができます。1つのPSDファイルに、複数のサイズのバナーを作成するときに便利です。

5 カンバスカラーを選択する

カンバスカラーの▼をクリックし❶、ファイルの地色となるカラーを選択します❷。

カンバスカラー	白

6 カラープロファイルを選択する

＜詳細オプション＞をクリックし❶、カラープロファイルの▼をクリックし❷、プロファイルを選択して❸、＜作成＞（CS6以前は＜OK＞）をクリックすると❹、ドキュメントが作成されます。

カラープロファイル	作業用RGB

Hint カラープロファイル

カラープロファイルとは、デジタルカメラ、モニター、プリンターなど異なるデバイス間でも、同じ色を再現するための情報です。「作業用RGB」では、多くのデバイスで一般的に用いられている「sRGB」に設定されます。

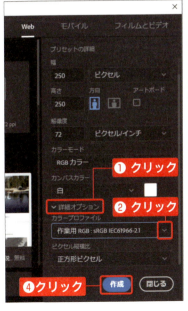

Section

11 ファイルを保存する

キーワード
- 保存
- 別名で保存
- ファイル形式

作業を中断・終了する際は、ファイルを保存しましょう。Photoshopの機能を保持するには、PSD形式で保存します。ここでは、Photoshopを持っていない相手とのデータのやり取りに便利なJPEGやPDF形式での保存についても解説します。

ファイルをPSD形式で保存する

1 ファイルを保存する

メニューバーの＜ファイル＞をクリックし❶、＜保存＞をクリックします❷。

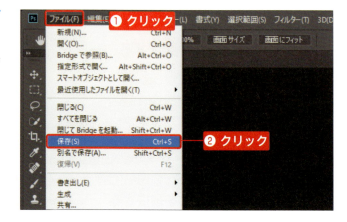

2 ファイルの種類を選択する

＜名前を付けて保存＞ダイアログボックスが表示されます。新規ドキュメント作成時にファイル名を付けている場合（P.42）は、＜ファイル名＞に名前が入力されています。ファイルの保存先を指定し❶、＜ファイルの種類＞（Macは＜フォーマット＞）（P.47）で＜Photoshop＞を選択します❷。設定を確認後、＜保存＞をクリックします❸。

保存先	デスクトップ

044

3 互換性を優先する

<Photoshop形式オプション>ダイアログボックスが表示された場合は、他のバージョンやアプリケーションとの互換性を考慮し、<互換性を優先>にチェックを入れたまま①、<OK>をクリックします②。

4 ファイルが保存された

指定した保存先に、ファイルが保存されます。

ファイルをJPEG形式で保存する

1 ファイルを別名で保存する

メニューバーの<ファイル>をクリックし①、<別名で保存>をクリックします②。

2 ファイルの種類を選択する

<名前を付けて保存>ダイアログボックスが表示されます。通常の保存と同様、保存先を指定し①、<ファイルの種類>（Macは<フォーマット>）で<JPEG>を選択します②。設定を確認後、<保存>をクリックします③。

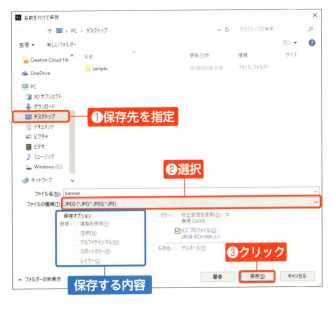

Hint 保存オプション

<保存オプション>で選択できる項目は、保存するファイル形式によって異なります。

3 JPEGオプションを設定する

<JPEGオプション>ダイアログボックスが表示されます。画質とファイルサイズを考慮して設定し❶、<OK>をクリックすると❷、指定した保存先にファイルが保存されます。

Hint 画像オプション

画質を上げると、ファイルサイズは大きくなります。ファイルサイズに制限がなければ、画質を優先して、高画質で保存しましょう。

ファイルをPDF形式で保存する

1 ファイルを別名で保存する

メニューバーの<ファイル>をクリックし❶、<別名で保存>をクリックします❷。

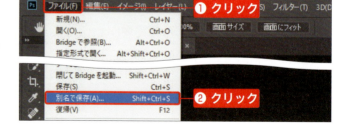

2 ファイルの種類を選択する

<名前を付けて保存>ダイアログボックスが表示されます。通常の保存と同様、ファイルの保存先を指定し❶、<ファイルの種類>（Macは<フォーマット>）で<Photoshop PDF>を選択します❷。設定を確認後、<保存>をクリックします❸。保存ダイアログボックスについての注意が表示された場合は、<OK>をクリックします。

| 保存先 | デスクトップ |

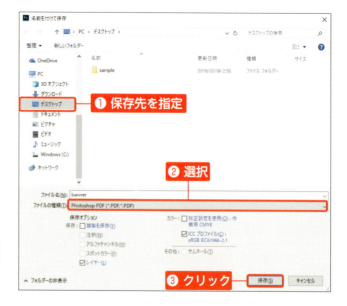

3 PDFに関する設定をする

<Adobe PDFを保存>ダイアログボックスが表示されます。用途に応じて<Adobe PDFプリセット>でプリセットを設定し❶、<PDFを保存>をクリックすると❷、指定した保存先にファイルが保存されます。

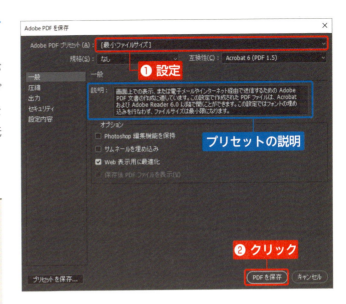

Hint Adobe PDFプリセット

一般的に、メール送信用など軽いサイズが推奨されるファイルには<最小ファイルサイズ>を、プリンター出力用には<高品質印刷>を選択します。<高品質印刷>を選択して<PDFを保存>をクリックすると、以前のバージョンで開く際は編集機能を保持できない旨のダイアログボックスが表示されます。問題なければ<はい>をクリックして続行します。

さまざまなファイル形式

通常、作業ファイルは、Photoshopの機能を最大限に保持できるPSD形式で保存します。ただし、一般的にはPSD形式のファイルは、Photoshopを持っていないと開くことができません。用途に応じて、適したファイル形式に変換しましょう。ここでは、主に使用するファイル形式を確認します。

■主なファイル形式

形式	説明
PSD (**P**hoto**s**hop **D**ocument)	すべてのPhotoshopの機能を保持する形式。通常、作業後のファイルは、レイヤーが保持され修正しやすいため、この形式で保存しておきます。また、その他のAdobe製ソフトとの連携もとりやすい形式です。
JPEG (**J**oint **P**hotographic **E**xperts **G**roup)	写真などの連続階調画像を、不可逆圧縮した形式(P.50)。ファイルサイズが小さいため、Webページで表示するために使用されることが多いです。透明度は保持されません。
GIF (**G**raphics **I**nterchange **F**ormat)	イラストなどの単調画像を、可逆圧縮した形式(P.50)。Webページで表示するために使用されることが多いです。透明色を指定できます。また、GIFアニメーションでも使用されます。
PNG (**P**ortable **N**etwork **G**raphics)	画像を可逆圧縮した形式(P.50)。Webページで表示するために使用されることが多いです。透明度は保持されます。GIFよりややファイルサイズが小さい一方、GIFと異なり、24ビット画像(8ビット／チャンネルのRGB画像)をサポートします。一部の Web ブラウザーではサポートされません。
EPS (**E**ncapsulated **P**ost**S**cript)	印刷物用の画像として使用される形式。ベクトル画像およびビットマップ画像の両方を含めることができ、ほぼすべてのグラフィック、イラストおよびDTP のプログラムでサポートされています。
PDF (**P**ortable **D**ocument **F**ormat)	OSやアプリケーションの違いを超えて使用できる柔軟性に富んだファイル形式。Photoshopがない人とのやり取りにも便利です。

047

Section

12 作業履歴をさかのぼる

キーワード
▶ ヒストリーパネル
▶ 1段階戻る
▶ 1段階進む

作業中に思ったような効果が得られないときなど、操作を取り消したり、やり直したりしたい場合は、＜ヒストリー＞パネルを使って作業履歴をたどることができます。また、＜1段階戻る＞や＜1段階進む＞を使うこともできます。

ヒストリーパネルで作業履歴をたどる

1 ヒストリーパネルを表示する

メニューバーの＜ウィンドウ＞をクリックし①、＜ヒストリー＞をクリックします②。

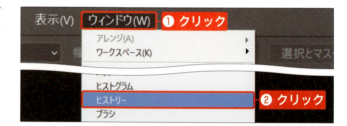

2 ヒストリーパネルが表示された

＜ヒストリー＞パネルが表示されました。

3 作業履歴が残る

操作を行うと、＜ヒストリー＞パネルにヒストリー（作業履歴）が追加されます。

Hint 残せるヒストリー数

残せるヒストリー数は初期状態で50で、最大1,000まで残せます。＜環境設定＞ダイアログボックスの＜パフォーマンス＞の＜ヒストリー数＞で、残せるヒストリー数を変更できます。

4 作業履歴をたどる

特定のヒストリーをクリックすると❶、選択したヒストリーの状態にできます。

Hint ヒストリーの管理

過去のヒストリーに戻った後、新たな操作を行うと、たどったヒストリーの後にあったヒストリーはなくなり、新たなヒストリーが追加されます。

メニュー操作で作業履歴をたどる

1 1段階戻す

メニューバーの＜編集＞をクリックし❶、＜1段階戻る＞クリックすると❷、作業を1段階前に戻すことができます。繰り返し＜1段階戻る＞をクリックすると、その分作業を戻すことができます。

2 作業を1段階進める

メニューバーの＜編集＞メニューをクリックし❶、＜1段階進む＞をクリックすると❷、1段階後の作業に進めることができます。

StepUp 作業履歴に関する操作のショートカット

作業履歴に関する操作は、作業をする上で頻繁に行います。慣れてきたら、ぜひショートカットを活用しましょう。
- 1段階戻る ･･･ Alt + Ctrl + Z (option + command + Z) キー
- 1段階進む ･･･ shift + Ctrl + Z (shift + command + Z) キー

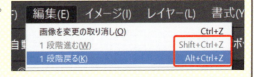

StepUp ファイルの圧縮方式

P.47では、さまざまなファイル形式について解説しました。ここでは、ファイル形式によって異なる圧縮方式について確認しましょう。
多くのファイル形式は、圧縮することにより、ビットマップ画像のファイルサイズを小さくします。圧縮方式には、可逆圧縮と非可逆圧縮があります。

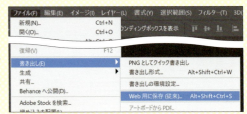

Web用に保存（従来）

■可逆圧縮

可逆圧縮は、画像の詳細やカラー情報を削除せずにファイルを圧縮します。可逆圧縮は、ファイルを開いて圧縮を解除した際に、完全に元に戻すことができます。**GIF形式**や**PNG形式**がこの方式です。

■非可逆圧縮

非可逆圧縮は、画像の詳細を削除してファイルを圧縮します。可逆圧縮に比べ、圧縮率はかなり高くなります。圧縮レベルが高いと、ファイルサイズは軽くなりますが、画質が低下します。圧縮レベルが低いと、画質の低下が少なくなりますが、ファイルサイズは大きくなります。非可逆圧縮は、ファイルを開いて圧縮を解除した際に、元に戻すことができず、画質が劣化します。**JPEG形式**がこの方式です。

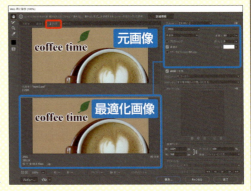

＜Web用に保存＞ダイアログボックス
2アップ表示で元画像と最適化画像を比較

ファイル形式を指定して保存するには、**メニューバーから＜ファイル＞をクリックし＜別名で保存＞**をクリックして表示される＜名前を付けて保存＞ダイアログボックスの＜ファイルの種類＞（Macはフォーマット）で指定して保存します。指定したファイル形式に応じて、オプションで詳細を設定します（P.46）。

また、バナーなどをWeb用に保存する場合は、JPEG・GIF・PNG形式がよく利用されます。これらのファイル形式は、**メニューバーの＜ファイル＞をクリックし、＜書き出し＞→＜Web用に保存（従来）＞**をクリックすると表示される＜Web用に保存＞ダイアログボックスで、詳細を設定して保存することができます。＜Web用に保存＞ダイアログボックスでは、2アップや4アップで表示を分けて、元画像と最適化画像を比較しながらファイルを最適化できます。**最適化**とは、Webにアップするために、画質とファイルサイズのバランスに注意しながら調整することです。元画像と比べて画質が落ちない程度で、できるだけファイルサイズを軽くするのがポイントです。

JPEG—高画質（画質80）
画質が元画像と同等で、ファイルサイズも小さい

JPEG—低画質（画質10）
ファイルサイズは小さいが、画質が悪い

Chapter 3

色調補正で画像の色や明るさを調整しよう

ここでは、色調補正について確認します。調整レイヤーを使えば、元画像を損なうことなく、画像を明るくしたり色を変えたりすることができます。また、Photoshopで扱うビットマップ画像の特徴を理解しましょう。

Section

13 | 画像の種類を確認する

キーワード
- ビットマップ画像
- ベクトル画像
- ビット数

ここでは、デジタル画像がどのように構成されているか見てみましょう。Photoshopで主に扱うのは、ピクセルで構成されたビットマップ画像です。併せて、パスで構成されたベクトル画像も比較してみましょう。

ビットマップ画像の構造

下の画像を拡大してみると、複数の四角形（点）の集合で構成されていることがわかります。この四角形（点）を、**ピクセル**といいます。このように、いくつものピクセルで構成された写真のような画像のことを、**ビットマップ画像（ラスター画像）**といいます。Photoshopは、主にビットマップ画像を扱うためのソフトになります。ビットマップ画像は、**画像解像度（P.54）に依存するため、むやみに拡大すると画像が粗くなってしまう**ので注意が必要です。

画像を拡大してみると…

ピクセルで構成されている

StepUp　ラスタライズ

ベクトル画像をビットマップ画像に変換することを、ラスタライズといいます。ビットマップ画像の別名がラスター画像であることからきています。ベクトル形式のシェイプレイヤー（P.116）やテキストレイヤー（P.116）、スマートオブジェクト（P.138）にペイントする際などに行います。

テキストを画像化する

ベクトル画像の構造

Photoshopでは、ベクトル画像を扱うこともできます。下のイラストは、Photoshopで描画したシェイプ（P.230）です。イラストを拡大してみると、**点**があり、点と点を結ぶ**線**で構成されていることがわかります。これらの点と線の集まりのことを**パス**といい、パスで構成された画像のことを、**ベクトル画像**といいます。ベクトル画像は、**画像解像度（P.54）に依存しないため、拡大しても滑らかさを保ちます。**

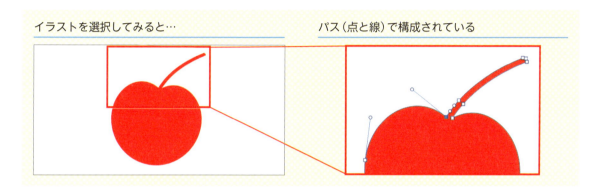

イラストを選択してみると…

パス（点と線）で構成されている

ビット（bit）数とは

ビット（bit）数とは、**画像内のピクセルで使用できるカラーの情報量**です。1ピクセルあたりのビット数が多くなるほど、使用できるカラー数が増え、カラーの表現が正確になります。

1bitの画像でピクセルに割り当てられるカラーは、ブラックかホワイトです。**8bit**の画像では、2^8の256色を割り当てることができます。RGB画像の場合（8bit/チャンネル）、3つのカラーチャンネル（P.95）で構成されていて、1チャンネルあたり256を割り当てることができるので、**約1,677万色（256^3）**のカラーを表現できます。Photoshopでは、16bitや32bitの画像も扱うことができますが、Photoshopの機能に制限が出るので、注意が必要です。

ビット数は、ドキュメントタブで確認できる

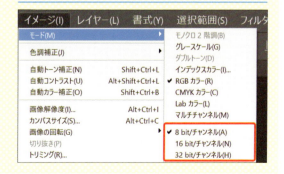

ビット数の変更もできる

Section

14 画像解像度とは

キーワード
- 画像解像度
- ピクセル
- ppi

画像解像度とは、画像のきめ細やかさ、すなわち、1インチにいくつのピクセルが並んでいるかのことで、ppi（Pixcel Per Inch）という単位で表します。ここでは、ビットマップ画像を扱う上で重要な画像解像度について理解しましょう。

画像解像度とは、画像のきめ細やかさ

画像解像度とは、画像のきめ細やかさのことで、1インチに並んでいるピクセルの数で表します。単位は、**ppi（Pixel Per Inch）**を使います。

一般的に、高解像度の画像は画像がきめ細かく、ファイルサイズも大きくなります。

画像解像度などの情報は、画面左下のステータスバー（P.22）を長押しすると確認できます。以下の例では、**画像解像度**は72ppi（1インチに72個のピクセルが並んでいる）、**画像サイズ（画像の物理的なサイズ）**は、幅722.49㎜、高さ451.56㎜ということがわかります。

また、**1インチ＝25.4㎜**でこの画像が72ppiであることから、幅は722.49㎜÷25.4㎜×72ppi＝約2048個、高さは451.56㎜÷25.4㎜×72ppi＝約1280個のピクセルが並んでいることになります。これは、次ページの＜画像解像度＞ダイアログボックスでも確認できます。

使用する画像解像度の目安も覚えておきましょう。一般的に、チラシやカタログなどの商業印刷物用の画像は350ppi、簡易プリンターで印刷する画像は150ppi、Webページで表示する画像は72ppi程度とされています。

ステータスバーを長押しすると画像の情報がわかる

画像は以下のような構成になっている

画像解像度や画像サイズを変更する

1 画像解像度を表示する

メニューバーの＜イメージ＞をクリックし❶、＜画像解像度＞をクリックすると❷、＜画像解像度＞ダイアログボックスが表示されます。

2 再サンプルのチェックを外す

画像解像度を上げる場合、＜再サンプル＞のチェックを外し❶、無効にします。

Hint 再サンプルとは

再サンプルとは、画像のピクセル情報を変更することです。チェックを外すと、画像のピクセル数が固定されます（変更されない）。これにより、画像解像度を上げたときに、画質を保持できます。

3 解像度を変更する

＜解像度＞の数値を変更します❶。変更に応じて、画像サイズ（幅と高さ）も変わります。＜OK＞をクリックし❷、ダイアログボックスを閉じます。

4 画像解像度と画像サイズが変わった

ステータスバーを長押しすると❶、解像度および画像サイズが変わったことがわかります。

Section 15 カラーモードとは

キーワード
- カラーモード
- RGB
- CMYK

カラーモードとは、画像を表示したりプリントするときに、色の表現方法を定義するものです。例えば、紙に出力する印刷物とモニターに表示するバナーでは、カラーモードが異なるので、注意が必要です。

カラーモードは出力先によって切り替える

カラーモードとは、色の表現方法を定義するものです。カラーモードによって画像のカラー数・チャンネル数・ファイルサイズが決まるほか、使用できる機能やファイル形式にも影響します。

カラーモードは、ドキュメントタブ（P.22）のファイル名の右横の括弧内で確認できます。一般的に、デジカメで撮影した画像や素材サイトのダウンロード画像は、RGBカラーモードです。

通常、Photoshopで作業をする際は、RGBカラーモードで行います。Photoshopの機能を最大限に利用できる（他のモードでは使用できない機能がある）ことや、色域が広いため、正確な補正ができるという理由が挙げられます。

制作物に応じて、最終的にカラーモードを変更する必要があります。例えば、印刷物用の画像であれば、CMYKカラーモードに変換します。

カラーモードを変更するには、メニューバーの＜イメージ＞をクリックし❶、＜モード＞をクリックして❷、さらに目的のカラーモードをクリックします❸。カラーモード変換後、ファイルを保存して閉じると、元に戻せないカラーモードもあるので注意しましょう。

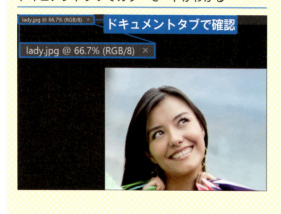

ドキュメントタブでカラーモードがわかる

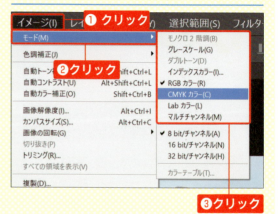

目的に応じてカラーモードを変換する

RGBとCMYKでは色の見え方が変わる

カラーモードを変換すると、色の見え方が変わるので注意が必要です。特に、鮮やかな色味はCMYKカラーモードでは表現しにくいため、RGBカラーモードからCMYKカラーモードに変換した場合、がらりと色の見え方が変わり、くすんで見えることがあります。これは、CMYKカラーモードが、RGBカラーモードに対して、色を表現できる色域が狭いために起こる現象です。そのため、印刷物用の画像以外は、むやみにCMYKカラーモードに変換しないようにしましょう。

RGBカラーモードからCMYKカラーモードに変換すると、色の見え方が変わりやすい

主なカラーモード

RGBカラー	Webページや映像などモニター出力に利用されるカラーモードです。色光の3原色であるR（レッド）・G（グリーン）・B（ブルー）の3色を混合してカラーを作ります。それぞれ0（暗い）〜255（明るい）の256段階の値が割り当てられます。すべての値が0でブラックに、すべての値が255でホワイトに、すべての値が等しいとグレーになります。加法混色ともいいます。 24bit画像の場合、1ピクセルあたり24bit（8bit×3チャンネル）のカラー、つまり、最大約1,677万色（256×256×256）を表現できます。
CMYKカラー	印刷物など物理的な出力に利用されるカラーモードです。C（シアン）・M（マゼンタ）・Y（イエロー）・K（ブラック）の4色を混合してカラーを作ります。それぞれ0〜100%の値が割り当てられます。色材の3原色であるCMYを混合すると、ブラックになりますが、純粋なブラックにはならないため、印刷物ではKを加えてカラーを作ります。すべての値が0で用紙の色（白い紙ならホワイト）に、すべての値が100でブラックになります。減法混色ともいいます。
グレースケール	8bit画像の場合、各ピクセルに、0（ブラック）〜255（ホワイト）の256段階の値を割り当て、256階調のグレーを表現できます。
モノクロ2階調	ブラックまたはホワイトの2つのカラー値のいずれかを、各ピクセルに割り当てます。ビット数が1なので、1bit画像とも呼ばれます。

057

Section

16 レイヤーとは

キーワード
- レイヤー
- レイヤーパネル
- 調整レイヤー

レイヤーとは、透明なフィルムみたいなもので、複数のレイヤーを重ね合わせて、さまざまなビジュアルを構成することができます。詳しくはChapter5で解説しますが、ここでは色調補正をするための調整レイヤーについて確認します。

レイヤーとは

レイヤーとは、透明なフィルムみたいなもので、役割別に6種類あります（P.117）。ここでは、画像を明るくしたり、色を変えるなどの補正を行うための**調整レイヤー**について確認します。

レイヤーは、＜レイヤー＞パネルで管理し、上位のレイヤーほど、前面に表示されます。

さまざまなレイヤーを重ね合わせて、木目のテーブルの上にあるコーヒーカップのビジュアルができる

調整レイヤーを重ねて、画像の色を変える

＜レイヤー＞パネル下部の＜塗りつぶしまたは調整レイヤーを新規作成＞ボタン◙をクリックし、表示される一覧（上から4つ目以降が調整レイヤー）から、目的の補正に応じた調整レイヤーをクリックします。

最下部にある背景レイヤー（P.117）に、色調補正をするための調整レイヤー（ここでは＜色相・彩度＞）を重ねて、木目の色を変えました。それぞれ独立したレイヤーなので、調整レイヤーを非表示（P.118）にすると、簡単に補正前に戻すことができます。

元の状態

調整レイヤーを重ねると色味が変わった

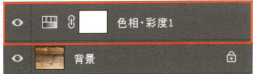

Chapter 3　色調補正で画像の色や明るさを調整しよう

Section

17 調整レイヤーのしくみを知る

キーワード
▶ 調整レイヤー
▶ レイヤーパネル
▶ 属性パネル

調整レイヤーは、画像を明るくしたり、色を変えたりするためのレイヤー（P.58）です。独立したレイヤーなので、元画像を損なうことなく補正ができ、補正前と補正後の画像の比較や、やり直し、削除などの操作が簡単に行えます。

調整レイヤーの基本操作

1 調整レイヤーを作成する

調整レイヤーを作成するには、＜レイヤー＞パネル下部の＜塗りつぶしまたは調整レイヤーを新規作成＞ボタン❷をクリックし❶、表示される一覧から、目的の補正方法（ここでは＜トーンカーブ＞）をクリックします❷。

Memo レイヤーに関する操作

レイヤーに関する操作はメニューバーからも行えますが、本書では、基本的に＜レイヤー＞パネルを使って行います。

2 属性パネルで調整する

＜レイヤー＞パネルに調整レイヤーが作成され、＜属性＞パネルが手前に表示されます。＜属性＞パネルには、選択した補正方法に関する設定が表示されるので、画像に応じて適切な設定を行います❶。具体的な補正方法については、各補正のページ（P.62以降）を参照してください。補正が完了したら、＜属性＞パネルの≫をクリックして❷、パネルを閉じます。

3 補正前・後を確認する

調整レイヤー左横の ◉ マークをクリックすると❶、補正前（非表示 ■）の状態に切り替えることができます。■をクリックすると❷、補正後（表示 ◉）の状態に切り替えることができます。

4 設定を変更する

手順2のように》をクリックすると＜属性＞パネルを閉じることができますが、＜属性＞パネルのアイコンをクリックして❶、パネルを閉じることもできます。再度アイコンをクリックすると、パネルが開きます。また、調整レイヤーの左のサムネール ◉ をダブルクリックしても❷、＜属性＞パネルを再表示して、設定を変更できます。

StepUp 調整レイヤーとメニューバーからの色調補正の違い

調整レイヤーは、後からやり直しが簡単にできるため、本書での色調補正には調整レイヤーを使用しますが、メニューバーの＜イメージ＞→＜色調補正＞の一覧から、目的の補正方法を選択して、色調補正を行うこともできます。
調整レイヤーはレイヤーの特徴を生かし、補正前と補正後の比較や、やり直し、削除などの操作が簡単に行えるという利点がありますが、メニューバーから行う色調補正は、画像そのものに対して補正を行うため、調整レイヤーのような柔軟な処理はできません。
ただし、一部の補正には、メニューバーからの色調補正からしか行えないものもあります。

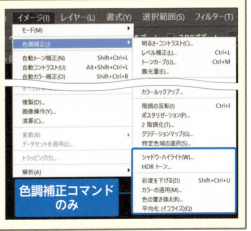

Section 18 レベル補正で画像の明暗を調整する

キーワード
- レベル補正
- ヒストグラム
- 属性パネル

＜レベル補正＞は、ヒストグラムと呼ばれるグラフを使った色調補正です。シャドウ・ハイライト・中間調の3つのスライダーを使って、画像の明暗や色味を調整できます。

BEFORE やや暗い印象

AFTER 明るくしてすっきりした印象に

画像を明るくしてすっきりした印象にする

1 調整レイヤーを作成する

＜レイヤー＞パネル下部の＜塗りつぶしまたは調整レイヤーを新規作成＞ボタン■をクリックし❶、表示される一覧から、＜レベル補正＞をクリックすると❷、調整レイヤー＜レベル補正＞が作成されます。

Memo 色調補正パネル

＜色調補正＞パネルの＜レベル補正＞アイコン■をクリックしても、調整レイヤーを作成できます。

2 ハイライトを調整する

＜属性＞パネルが手前に表示されます。今回は、ヒストグラムの山がシャドウ側に偏っているため、ハイライトのスライダー△を左にドラッグして❶、ハイライト（画像内の最も明るい所）を調整します。

ハイライト	200

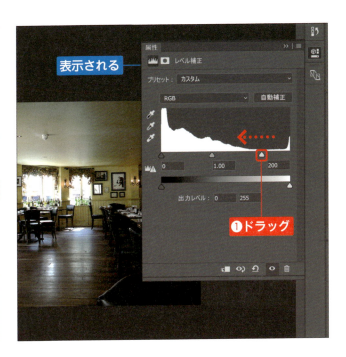

Hint シャドウとハイライト

まず最初に、暗めの画像の場合はハイライト△を、明るめの画像の場合はシャドウ△を調整します。

3 中間調を調整する

中間調のスライダー△を左にドラッグして❶、全体の明るさを整えます。＜属性＞パネルの»をクリックして❷、パネルを閉じます。

中間調	1.50

Hint 中間調

中間調は、画像の全体的な明るさを調整するものです。左にドラッグすると明るく、右にドラッグすると暗くなります。

4 明るくなった

明るくすっきりした印象になりました。＜属性＞パネルは、閉じた後も調整レイヤーの左のサムネール■をダブルクリックして❶、再表示し、設定値を変更できます。

ヒストグラムの概要

Photoshopの**ヒストグラム**は、明るさのレベル別にピクセル数（P.54）をグラフ化し、ピクセル分布を表したものです。

横軸は、明るさのレベルを0〜255の256段階で表し、左から、シャドウ、中間調、ハイライトの3つのスライダーがあります。**シャドウは、画像内の一番暗い所（レベル0）**で、**ハイライトは、画像内の一番明るい所（レベル255）**のことです。

縦軸は、ピクセル数を表します。
色調補正を行う際に、ヒストグラムを読みとることで、画像の特徴を把握し、補正の方向性が定まりやすくなります。ヒストグラムは、＜レベル補正＞だけでなく、＜トーンカーブ＞（P.66）のカーブの背景にも表示されるほか、＜ヒストグラム＞パネルもあります（下のStepUp参照）。

＜レベル補正＞のヒストグラム

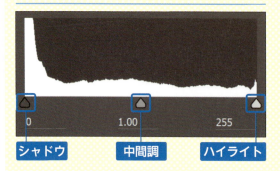

＜トーンカーブ＞の背景のヒストグラム

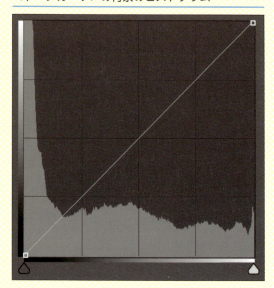

＜レベル補正＞では、3つのスライダーを動かし、ヒストグラム自体を調整して色調補正をします。それに対し、＜トーンカーブ＞は、カーブを使って補正する機能であり、背景に表示されるヒストグラムは、画像の特性を把握するための目安として使います。

StepUp ヒストグラムパネル

＜ヒストグラム＞パネルは、画像のヒストグラムを確認できる独立したパネルです。＜ウィンドウ＞メニューをクリックして表示されるパネル一覧の＜ヒストグラム＞にチェックを入れて表示します。初期設定ではコンパクト表示ですが、パネルメニューをクリックすると、拡張表示や全チャンネル表示など、詳細な表示形式に切り替えることができます。

ヒストグラムの主な形

ヒストグラムの主な形は、おおよその傾向として、以下の5つがあります。

❶のように、**山に偏りがなく、どの明るさのレベルにもまんべんなくピクセルが分布しているものは、平均的**な画像です。基本的に問題はありませんが、好みに応じて補正しましょう。

その他、山に偏りがあるものは、補正したほうが良好になることが多いです。

❷のように、**ハイライト側に偏っているものは明るい**傾向があります。シャドウ側のピクセルが少ないので、シャドウを右に動かして調整します。例えば、レベル0にあったシャドウを50まで動かすと、0〜50にあったピクセルは0に統合され、シャドウ寄りの画像に調整されます。逆に、❸のように、**シャドウ側に偏っているものは暗い傾向**があります。ハイライト側のピクセルが少ないので、ハイライトを左に動かして調整します。

また、❹のように、**シャドウとハイライトの両端に偏りがあるものはシャープ**で、❺のように、**中間調に偏りがあるものは、ソフト**である傾向があります。

何かしら撮影時に意図がある画像である場合もあります（例：女性を柔らかい印象で撮影する）。表現の方向性に応じて、柔軟に補正をしましょう。

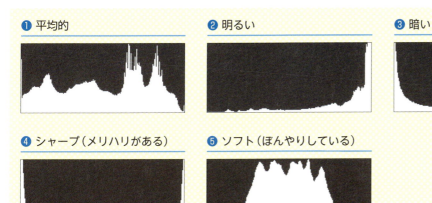

Hint 自動補正で手軽に補正する

＜属性＞パネルの＜自動補正＞をクリックすると、手軽に自動補正できます。あくまで自動の機能なので、すべての画像で好みの仕上がりになるとは限りませんが、試してみると簡単に美しく仕上がる場合があります。

Section

19 トーンカーブで明暗を調整する

キーワード
- トーンカーブ
- 調整レイヤー
- 属性パネル

＜トーンカーブ＞は、カーブを使った色調補正で、画像の明暗や色味を調整できます。レベル補正（P.62）に似た機能ですが、トーンカーブは任意の箇所にポイントを追加してカーブを作り、より高度で柔軟な補正ができます。

BEFORE ソフトな印象

AFTER 濃度を上げて強めの印象に！

明るさを調整する

1 調整レイヤーを作成する

＜レイヤー＞パネル下部の＜塗りつぶしまたは調整レイヤーを新規作成＞ボタン をクリックし❶、表示される一覧から、＜トーンカーブ＞をクリックすると❷、調整レイヤー＜トーンカーブ＞が作成されます。

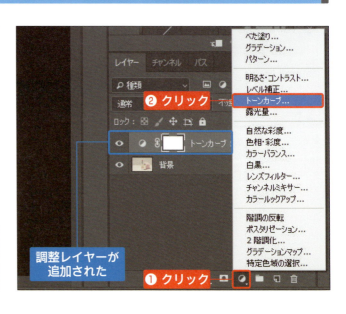

Memo 色調補正パネル

＜色調補正＞パネルの＜トーンカーブ＞アイコン をクリックしても、調整レイヤーを作成できます。

2 中間調にポイントを追加する

＜属性＞パネルが手前に表示されます。ここでは、ソフトな印象の画像を、濃度を上げて強めにします。中間調（斜線の中心付近）をクリックして❶、ポイントを追加します。

Hint 調整ポイントの追加と削除

シャドウとハイライトのポイントは、最初から用意されていますが、3つ目以降はクリックして追加します。削除するには、ポイントを選択し、BackSpaceキーを押します。

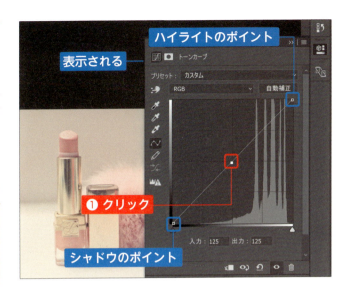

3 カーブを作る

追加したポイントを下にドラッグし❶、暗くします。ここでは、補正前（入力）のポイント：125が補正後（出力）のポイント：95となり、シャドウ0に近づいたことで暗くなり、濃度が上がります。＜属性＞パネルの»をクリックして❷、パネルを閉じます。

Hint 入力（補正前）と出力（補正後）

カーブと連動して、入力と出力の値は変わります。数値ボックスに数値を入力してカーブを作ることもできます。

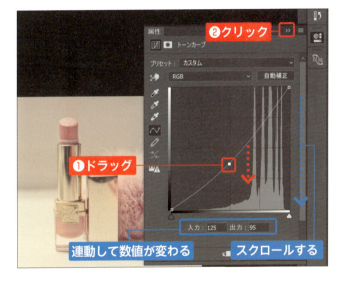

4 強めの印象になった

濃度が上がり、強めの印象になりました。

Hint 補正の度合い

カーブの傾斜を大きくするほど、補正の度合いは強くなります（P.69）。

トーンカーブの概要

トーンカーブは、右上に向かって伸びる直線上のポイントをドラッグしてカーブを作り、補正する機能です。左下に**シャドウ（0）**、右上に**ハイライト（255）**のポイントがあり、3つ目以降は、必要に応じて、ポイントを追加します。
入力は補正前の値で、**出力は補正後**の値です❶。

ポイントをドラッグすると、出力値が変わります❷。例えば、入力値125のポイントを160まで動かすと、ハイライト（255）に近づき、明るくなります。
このように、カーブの動きの特徴を覚えておくと、補正の方向性が定まりやすくなります。

トーンカーブのポイント

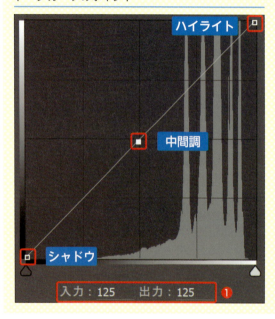

カーブを作る

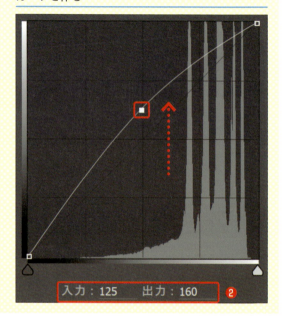

StepUp 特定のチャンネルを調整する

＜属性＞パネルでは、特定のチャンネル（P.95）を指定して補正することができます。例えば、＜ブルー＞を選択すると❶、画像内の青色の要素だけを調整できます。中間調にポイントを追加し、下にドラッグすると❷、青色の要素を減らし、結果的に青色の補色である黄色の要素を増やすことになります（P.81のHint）。選択したチャンネルの色系統の色味を減らすには、P.69の❷のカーブを作ります。これは、カラーバランス（P.80）の補色の考え方と同様で、減らす＝補色の要素を増やすことになります。

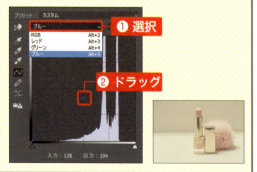

トーンカーブの主な形

トーンカーブの主な形には、以下の4つがあります。

❶のように、**中間調にポイントを追加し、上に引き上げると明るくなります**。これを行うと、補正後（出力）のポイントがハイライト255に近づき、明るくなります。逆に、❷のように、**下に引き下げると暗くなります**。これは、補正後（出力）のポイントがシャドウ0に近づき、暗くなります。

また、❸のように、ポイントを2個追加し、シャドウ寄りのポイントを下げ、ハイライト寄りのポイントを上げて**S字にすることで、シャープ（メリハリが付く）になります**。逆に、❹のように、シャドウ寄りのポイントを上げ、ハイライト寄りのポイントを下げて**逆S字にすることで、ソフト（ぼんやりする）になります**。

レベル補正（P.62）が3個のスライダーしか調整できないのに対し、トーンカーブは、ポイントを追加して、最大で16個のポイントを使って調整できます。ただし、やみくもに追加せずに、まずは基本の4つのカーブをマスターしましょう。

❶ 明るくなる

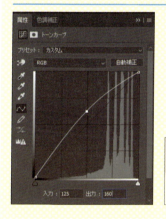

❷ 暗くなる

❸ シャープになる

❹ ソフトになる

Section

20 画像の一部の明暗を調整する

キーワード
- 覆い焼きツール
- 焼き込みツール
- 中間調

＜覆い焼き＞ツールや＜焼き込み＞ツールを使うと、選択範囲（P.92）を作成しなくても、手軽に画像の一部の明暗を調整できます。これらは、写真家の従来の暗室技術をもとにした機能です。

BEFORE 画像の一部の明暗を調整したい

AFTER テーブルにかかった布の明暗を調整できた！

覆い焼きツールで明るく、焼き込みツールで暗くする

1 ツールを選択する

画像の一部を明るくしたい場合、ツールパネルから＜覆い焼き＞ツールをクリックします❶。＜焼き込み＞ツールも同じツールグループにあります。

Hint 覆い焼きツールが表示されていない場合

＜覆い焼き＞ツールが表示されていない場合は、サブツールを長押しし、ツールを切り替えて表示します。

❶クリック

Chapter 3 色調補正で画像の色や明るさを調整しよう

070

2 ブラシを変更する

オプションバーの左上の をクリックして❶、ブラシプリセットピッカー（P.216）を表示し、ブラシの種類❷、直径❸、硬さ❹を設定します。再度 をクリックし、ブラシプリセットピッカーを閉じます。

ブラシの種類	ハード円ブラシ
直径	30px
硬さ	100%

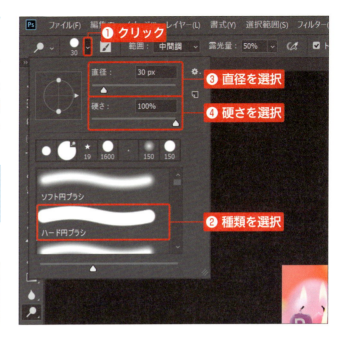

Memo オプションバーの設定

ここでは、＜覆い焼き＞ツールを中心に解説しますが、＜焼き込み＞ツールのオプションバーの設定も同様です。

3 調整範囲を指定する

＜範囲＞の をクリックし❶、調整範囲を選択します。ここでは、全体的に明暗を調整するために、＜中間調＞を選択します❷。

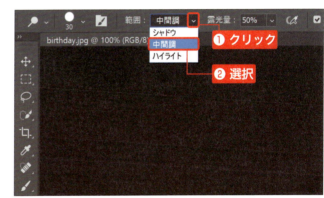

4 画像の一部が明るくなった

＜覆い焼き＞ツールで画像の一部をドラッグすると❶、オプションバーの設定に応じて明るくなります。ここでは、キャンドルをドラッグして明るくしました。

Hint 画像の一部を暗くするには

暗くしたい所は、＜焼き込み＞ツールをクリックして、適宜オプションバーの設定を変えて仕上げます。

Section

21 画像の鮮やかさを調整する

キーワード
▶ 色相・彩度
▶ 属性パネル
▶ 色の3属性

＜色相・彩度＞では、色の3属性である色相（色味）・彩度（鮮やかさ）・明度（明るさ）を使った色調補正が可能です。手軽に色や鮮やかさを変えられるので、色違いの画像を作ったり、色がくすんだ印象の画像を鮮やかにできます。

| BEFORE 野菜に新鮮さが足りない | AFTER 彩度を上げてみずみずしさUP！ |

彩度を上げて色鮮やかな画像にする

1 調整レイヤーを作成する

＜レイヤー＞パネル下部の＜塗りつぶしまたは調整レイヤーを新規作成＞ボタン ■ をクリックし❶、表示される一覧から、＜色相・彩度＞をクリックすると❷、調整レイヤー＜色相・彩度＞が作成されます。

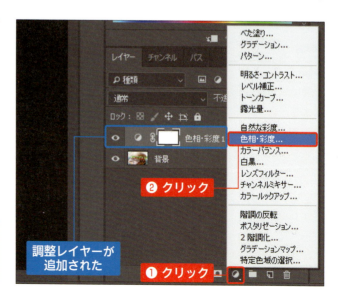

Memo 色調補正パネル

＜色調補正＞パネルの＜色相・彩度＞アイコン ■ をクリックしても、調整レイヤーを作成できます。

2 彩度を調整して鮮やかにする

<属性>パネルが手前に表示されます。今回は、サンドウィッチの野菜をみずみずしく新鮮な印象にするために、<彩度>のスライダーを右にドラッグ（ここでは「+20」）して❶、彩度を上げます。<属性>パネルの»をクリックして❷、パネルを閉じます。

彩度	+20

Hint 有彩色と無彩色

色の3属性（色相、彩度、明度）すべてを含む色のこと「有彩色」といいます。<彩度>スライダーを右にドラッグすると、彩度が上がります（最大値：100）❶。逆に、左にドラッグすると、彩度は下がり、最小値（-100）で色相と彩度がなく、明度のみを含む「無彩色」になります❷。

3 画像が鮮やかになった

野菜部分が鮮やかになり、新鮮でみずみずしい印象になりました。調整レイヤー左横の◉マークをクリックするごとに❶、補正前（非表示■）と補正後（表示◉）の状態を切り替えて確認できます。

StepUp 特定の色系統のみ補正する

<属性>パネルで<マスター>を選択した状態で補正すると、画像全体が補正対象となります。画像内の特定の色系統の箇所のみを補正したい場合、<属性>パネルで、事前に特定の色系統を選択してから調整します。例えば、画像内の赤い部分のみを鮮やかにしたいのであれば、<レッド系>をクリックして指定し、彩度を調整します。
また、より細かな範囲を補正したい場合は、選択範囲を作成してから（P.93）、調整レイヤーを追加して補正します。

Chapter 3 色調補正で画像の色や明るさを調整しよう

073

Section

22 セピア調にする

キーワード
▶ 色相・彩度
▶ 属性パネル
▶ 色彩の統一

＜色相・彩度＞の＜色彩の統一＞の機能を使えば、画像を手軽にセピア調にして、レトロな雰囲気にすることができます。また、事前に設定した描画色（P.208）を使って配色することもできます。

BEFORE ごく普通の印象で物足りない…	AFTER セピア調にしてレトロな印象に

色相を調整してセピア調にする

1 調整レイヤーを作成する

＜レイヤー＞パネル下部の＜塗りつぶしまたは調整レイヤーを新規作成＞ボタン🔲をクリックし❶、表示される一覧から、＜色相・彩度＞をクリックすると❷、調整レイヤー＜色相・彩度＞が作成されます。

Memo 色調補正パネル

＜色調補正＞パネルの＜色相・彩度＞アイコン🔲をクリックしても、調整レイヤーを作成できます。

2 色相を統一する

＜属性＞パネルが手前に表示されます。＜色彩の統一＞にチェックを入れると❶、1つの色相に統一されます。色相は赤（0度）からスタートするため、赤に統一されました（下のStepUp参照）。

3 セピア調になった

＜色相＞のスライダーを、左右好みの位置にドラッグして❶、色を任意のセピアに調整します。色相は、色相環の色の移り変わりに応じて変わります。

色相	45

Memo 色相環

色相環は、赤（0度）～黄～緑～青～紫（360度）といった色の移り変わりを環状に並べたもので、Photoshopでは、横長のライン状に表示されています。＜色相＞のスライダーを動かすと、基準となる色が変わり、それに合わせて画像全体の配色が変わります。

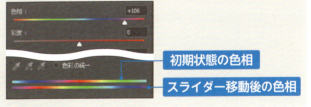

StepUp 描画色を使ってセピア調にする

＜色彩の統一＞を使ってセピア調にする際、色相は赤（0度）からスタートします（上記の 2 参照）。
好みの色調でセピア色にしたい場合は、事前に描画色（P.28）で好みの色を設定してから、＜色相・彩度＞調整レイヤーを作成し、＜色彩の統一＞にチェックを入れます。すると、設定した描画色を基準としたセピア調になります。

075

Section

23 | 画像の彩度を自然に調整する

キーワード
- 自然な彩度
- 調整レイヤー
- 属性パネル

＜自然な彩度＞を使うと、できるだけ階調（色や明るさの調子）を失わないように、彩度を調整できます。人肌など彩度を上げたくない箇所への影響をできるだけ抑えて調整できます。

BEFORE ドレスだけ彩度をUPしたい

AFTER 人肌への影響を抑えてドレスが鮮やかに

自然な彩度を調整して鮮やかにする

1 調整レイヤーを作成する

＜レイヤー＞パネル下部の＜塗りつぶしまたは調整レイヤーを新規作成＞ボタン❷をクリックし❶、表示される一覧から、＜自然な彩度＞をクリックすると❷、調整レイヤー＜自然な彩度＞が表示されます。

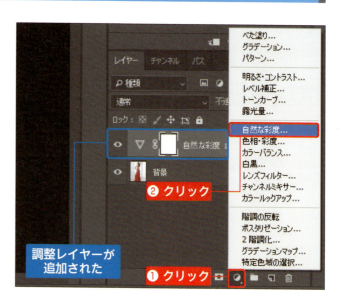

❷ クリック

調整レイヤーが追加された

❶ クリック

Memo 色調補正パネル

＜色調補正＞パネルの＜自然な彩度＞アイコン▽をクリックしても、調整レイヤーを作成できます（P.60）。

Chapter 3 色調補正で画像の色や明るさを調整しよう

076

2 自然な彩度を調整する

＜属性＞パネルが手前に表示されます。＜自然な彩度＞スライダーをドラッグして❶、右に動かすと彩度を上がり、ドラッグして左に動かすと彩度が下がります。

自然な彩度	60

3 ドレスが鮮やかになった

人肌への影響を最低限に抑えて、ドレスを鮮やかにすることができました。

Hint 彩度スライダー

＜自然な彩度＞スライダーの下にある＜彩度＞スライダーは、＜色相・彩度＞（P.72）による彩度調整と同様に、画像全体に影響がある機能ですが、画像によっては、＜色相・彩度＞よりもバンディング（濃淡の縞模様）の発生を抑えることができます。

StepUp 自然な彩度と色相・彩度との違い

＜自然な彩度＞は、人肌などもともと低彩度な箇所への影響をできるだけ抑えて、彩度を調整できます。それに対し、＜色相・彩度＞（P.72）は、全体的に彩度が調整されます。彩度調整の機能としては、＜色相・彩度＞が定番ですが、人物が含まれたり、過剰彩度を避けたい場合は、＜自然な彩度＞を使うと効果的です。自然などの景色や野菜・果物など、全体的に彩度を高めにしたい場合は、＜色相・彩度＞を使うとよいでしょう。

Section

24 画像の一部の彩度を調整する

キーワード
▶ スポンジツール
▶ 自然な彩度
▶ ブラシプリセット

＜スポンジ＞ツールを使うと、選択範囲（P.92）を作成しなくても、手軽に画像の一部の彩度を調整できます。オプションバーの設定により、ブラシでドラッグして直感的に補正できます。

BEFORE カップの中の花だけを鮮やかにしたい

AFTER 花が鮮やかになった！

スポンジツールで彩度を調整して鮮やかにする

1 スポンジツールを選択する

ツールパネルから＜覆い焼き＞ツールを長押しし❶、＜スポンジ＞ツールをクリックします❷。

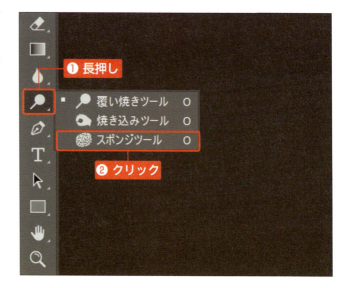

❶長押し
覆い焼きツール　O
焼き込みツール　O
スポンジツール　O
❷クリック

2 ブラシを変更する

オプションバーの左上の▼をクリックして❶、ブラシプリセットピッカー（P.216）を表示し、ブラシの種類❷、直径❸、硬さ❹を設定します。再度▼をクリックし、ブラシプリセットピッカーを閉じます。

ブラシの種類	ハード円ブラシ
直径	45px
硬さ	100%

Hint ブラシサイズの調整

ブラシサイズは、ブラシプリセットピッカーで調整する以外に、ショートカットを使うことで直感的に調整できます。[[ ]キーで小さく、[ ]]キーで大きくなります。

3 彩度を調整する

＜彩度＞の▼をクリックし❶、調整方法を選択します。ここでは＜上げる＞を選択します❷。

Hint 自然な彩度

オプションバーの＜自然な彩度＞にチェックを入れると、自然な彩度（P.76）と同様の機能を使って彩度を調整します。

4 花が鮮やかになった

画像の一部をドラッグすると❶、オプションバーの設定に応じて、彩度を調整できます。調整したい箇所ごとに、適宜オプションバーの設定を変えて仕上げます。

Section 25 色のバランスを変えて偏りをなくす

キーワード
- カラーバランス
- 属性パネル
- 補色

＜カラーバランス＞は、色彩学における補色の関係を利用した色調補正です。抑えたい色味の補色側にスライダーを動かすことで、手軽に色の偏りをなくすことができます。

BEFORE シュークリームが青みがかっている

AFTER 温かみが加わり、おいしそうになった

カラーバランスで温かみのある色にする

1 調整レイヤーを作成する

＜レイヤー＞パネル下部の＜塗りつぶしまたは調整レイヤーを新規作成＞ボタン■をクリックし❶、表示される一覧から、＜カラーバランス＞をクリックすると❷、調整レイヤー＜カラーバランス＞が作成されます。

Memo 色調補正パネル

＜色調補正＞パネルの＜カラーバランス＞アイコン■をクリックしても、調整レイヤーを作成できます。

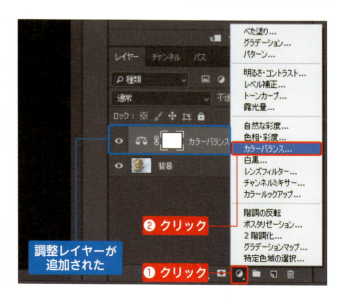

Chapter 3 色調補正で画像の色や明るさを調整しよう

2 抑えたい色を調整する

＜属性＞パネルが手前に表示されます。温かみを加えるために一番上のスライダーをレッド側へドラッグ（ここでは「+20」）し❶、一番下のスライダーをイエロー側へドラッグ（ここでは「-20」）します❷。抑えたい色（ここでは青系のシアン・ブルー）の補色側（レッド・イエロー）にスライダーを動かすと、色の偏りをなくすことができます。

レッド側へ	+20
イエロー側へ	−20

3 色味が変わった

青みを取り除いたことで温かみが加わり、おいしそうな色になりました。

Hint 輝度を保持

＜属性＞パネルのスライダーの左下にある＜輝度を保持＞にチェックを入れると、カラー調整に伴う輝度（明るさ）の変更を禁止し、画像の色調バランスを保持します。

Hint 補色の関係

右の図は、色彩学における色光の3原色であるR（レッド）・G（グリーン）・B（ブルー）と、色材料の3原色であるC（シアン）・M（マゼンタ）・Y（イエロー）の関係を示したものです。色彩学において、対向にある色を補色といいます。つまり、レッドの補色はシアン、グリーンの補色はマゼンタ、ブルーの補色はイエローとなります。

この関係性を使った色調補正がカラーバランスであり、＜属性＞パネルの各スライダーの関係は、この補色の関係と対応しています。カラーバランスでは、「抑えたい色の補色側にスライダーを動かす」ことを覚えておきましょう。

Section 26 画像を白と黒の2階調にする

キーワード
- 2階調化
- 属性パネル
- しきい値

＜2階調化＞は、白と黒の2色のいずれかに変換する色調補正です。画像における白と黒のバランスは、しきい値により調整します。2階調化により、画像が単純化され、漫画風の表現ができます。

BEFORE 普通のカラー写真

AFTER 単純化され、漫画風になった

2階調化で画像を漫画風にする

1 調整レイヤーを作成する

＜レイヤー＞パネル下部の＜塗りつぶしまたは調整レイヤーを新規作成＞ボタン■をクリックし❶、表示される一覧から、＜2階調化＞をクリックすると❷、調整レイヤー＜2階調化＞が作成されます。

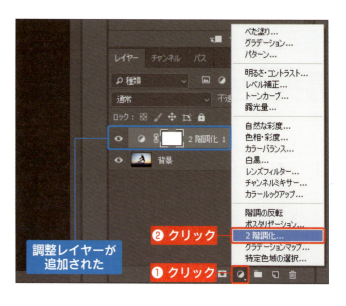

Memo 色調補正パネル

＜色調補正＞パネルの＜2階調化＞アイコン■をクリックしても、調整レイヤーを作成できます。

2 しきい値を調整する

＜属性＞パネルが手前に表示されます。しきい値のスライダーをドラッグして❶、白黒のバランスを調整します。ここでは右側にドラッグして、しきい値を「120」にします。数値ボックスに数値を入力することもできます。

しきい値	120

Memo しきい値とは

しきい値とは、白と黒を区別する値で、1～255（1ですべて白、255ですべて黒）の数値で指定します。しきい値より明るいピクセル（P.52）はすべて白に、しきい値より暗いピクセルはすべて黒に変換されます。元画像のヒストグラムの特性によって、2階調化の結果は変わります。

3 画像が2階調になった

画像が白と黒の2階調になり、単純化され、漫画風になりました。

Hint 精細なヒストグラムを計算

＜属性＞パネルには、画像のヒストグラム（P.64）が表示されます。しきい値の右横に、＜精細なヒストグラムを計算＞を示すマーク が表示された場合、マークをクリックすると、正確なヒストグラムを再表示します。

StepUp 2階調化のコツ

サンプルでは、スニーカーと背景のコントラストが強い画像を2階調化したので、比較的きれいにスニーカー部分を取り出せました。2階調化する前に、レベル補正（P.62）やトーンカーブ（P.66）などで明暗の調整をしてコントラストを強めておくと、2階調化の結果が良好となる場合があります。

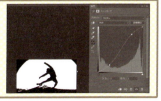

Section 27 画像を白黒にする

キーワード
- 白黒
- 属性パネル
- 着色

＜白黒＞は、画像をグレースケールに変換する色調補正です。画像のカラーモードはRGBのままで、見た目を手軽に白黒にできます。また、元画像の色系統ごとに、白黒の濃度をコントロールして深みを出すこともできます。

BEFORE ごく普通のカラー写真

AFTER 深みがある白黒になった

白黒で修正しやすいモノクロ画像を作成する

1 調整レイヤーを作成する

＜レイヤー＞パネル下部の＜塗りつぶしまたは調整レイヤーを新規作成＞ボタン●をクリックし❶、表示される一覧から、＜白黒＞をクリックすると❷、調整レイヤー＜白黒＞が作成されます。

Memo 色調補正パネル

＜色調補正＞パネルの＜白黒＞アイコン●をクリックしても、調整レイヤーを作成できます。

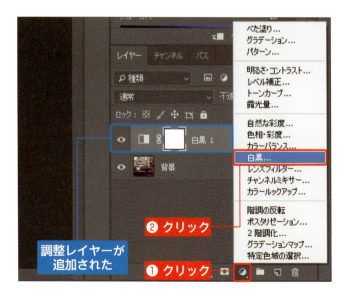

調整レイヤーが追加された
❶ クリック
❷ クリック

2 白黒の濃度を調整する

<属性>パネルが手前に表示されて、すぐにグレースケールになります。元画像の特定の色系統の濃度を調整する場合は、スライダーをドラッグして❶、白黒のバランスを調整します。ここでは元画像のソファに含まれるレッド系のスライダーを左側にドラッグし、「-10」にして、ソファに深みを出します。

レッド系	-10

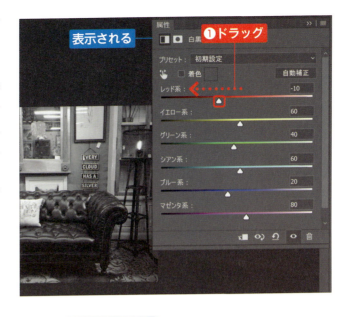

3 画像がグレースケールになった

画像のカラーモードはそのままで、グレースケールになりました。

> **Memo カラーモードとの違い**
>
> 画像のカラーモード（P.56）をグレースケールに変換しても、見た目は白黒になりますが、<白黒>による色調補正のメリットとして、(1)画像内の色系統ごとに濃淡をコントロールできる、(2)元のカラーモードを保持できる、という点があります。

> **StepUp 白黒でセピア調にする**
>
> <属性>パネルの<着色>にチェックを入れると❶、右横のカラーボックスをクリックして❷、表示されるカラーピッカー（P.214）で作成した任意のカラーを使用して、グレースケールをセピア調にすることもできます。

Section 28 画像のカラーをグラデーションに置き換える

キーワード
- グラデーションマップ
- 属性パネル
- グレースケール

＜グラデーションマップ＞は、画像のグレースケール情報を元に、指定したグラデーションに置き換える機能です。ごく普通のカラー写真から、個性的でグラフィカルな表現の画像を手軽に作ることができます。

BEFORE ごく普通のカラー写真
AFTER グラデーションに置き換わった

グラデーションマップで特定のグラデーションの画像を作成する

1 調整レイヤーを作成する

＜レイヤー＞パネル下部の＜塗りつぶしまたは調整レイヤーを新規作成＞ボタン◎をクリックし❶、表示される一覧から、＜グラデーションマップ＞をクリックすると❷、調整レイヤー＜グラデーションマップ＞が作成されます。

 色調補正パネル

＜色調補正＞パネルの＜グラデーションマップ＞アイコン■をクリックしても、調整レイヤーを作成できます。

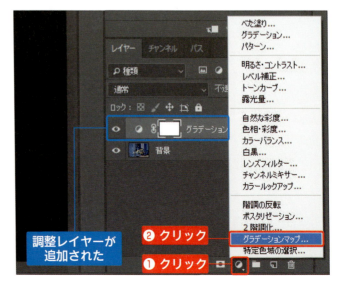

調整レイヤーが追加された
❷ クリック
❶ クリック

2 グラデーションを指定する

＜属性＞パネルが手前に表示されます。カラーボックスをクリックして❶、＜グラデーションエディター＞ダイアログボックスを表示し、プリセットから任意のグラデーションをクリックして❷、＜OK＞をクリックします❸。

| グラデーション | 青、赤、イエロー |

Hint ディザと逆方向

＜属性＞パネルの＜ディザ＞にチェックを入れると、グラデーションを滑らかに表現します。＜逆方向＞にチェックを入れると、置き換えるグラデーションの向きを逆にします。

3 グラデーションに置き換わった

画像のグレースケール情報を元に、指定したグラデーションに置き換わります。

Hint 好みのグラデーションを作成する

＜グラデーションエディター＞では、プリセットから用意されたグラデーションを選択できるほか、ダイアログボックス下部にあるスライダーを使って、好みのグラデーションを作成することもできます（P.222）。

StepUp グラデーションのルールはグレースケールでイメージする

＜グラデーションマップ＞における色の置き換えルールについて整理しましょう。例えば、2色のグラデーションを指定した場合、画像内のシャドウはグラデーションの始点のカラーに、ハイライトは終点のカラーに、中間調は中間のグラデーションカラーになります。
画像をグレースケール（P.84）にして確認してみると、置き換えイメージがつかみやすいでしょう。

Section

29 複数の画像の色調を統一する

キーワード
- カラーの適用
- アレンジ
- 並べて表示

＜カラーの適用＞を使うと、複数の画像の色調を統一できます。撮影時に明るさなどがまちまちになってしまった画像を整えるのに便利です。なお、＜カラーの適用＞に調整レイヤーはなく、メニューバーからのみ設定できます。

BEFORE 複数の画像の色調がまちまち…

AFTER 複数の画像の色調が統一された！

複数の画像を開き、並べて表示する

1 画像を並べて表示する

複数の画像を開くと、初期設定ではタブが1つのウィンドウに統合されて表示されます。画像を比較しやすいように、メニューバーの＜ウィンドウ＞をクリックし❶、＜アレンジ＞→＜並べて表示＞をクリックして❷、並べて表示します。

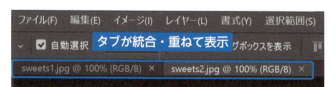

Hint 複数のファイルを開く

複数のファイルを一度に開く場合は、[Ctrl]([command])キーを押しながらファイルをクリックして、複数選択します。

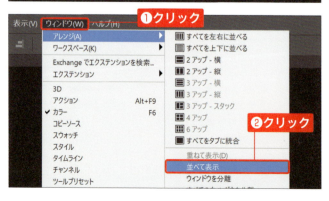

2 画像が横並びに表示された

複数の画像が並べて表示され、比較しやすくなりました。

Hint アレンジの種類

<ウィンドウ>メニューの<アレンジ>には、<すべてを左右に並べる>や<ウィンドウを分離>などのさまざまな画像の表示形式が用意されています。作業に応じて切り替えてみましょう。

複数の画像の色調を統一する

1 補正したい画像を選択する

補正したい画像（ここでは「sweets2.jpg」）のタブをクリックしてターゲットにして❶、画像のレイヤーをクリックします❷。

Hint 補正のターゲット画像

タブをクリックして選択した画像が、補正の対象になり、ターゲットでない画像のタブは、グレーアウトになります。

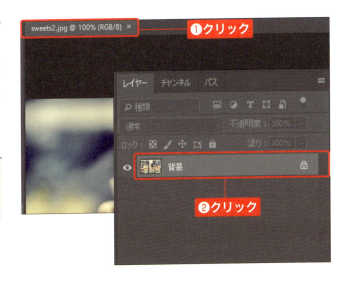

2 カラーを適用する

メニューバーの<イメージ>をクリックし❶、<色調補正>→<カラーの適用>をクリックします❷。

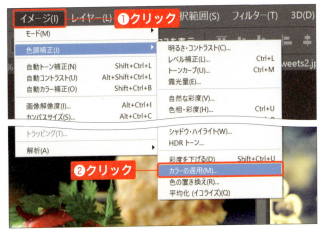

089

3 ソース画像を指定する

＜カラーの適用＞ダイアログボックスが表示されます。＜画像の適用設定＞の＜ソース＞で、補正の基準（ソース）となる画像（ここでは「sweets1.jpg」）を選択します❶。

Hint ソースレイヤーの指定

＜画像の適用設定＞では、ソース画像が複数のレイヤーを持つ場合、特定のレイヤーをソースレイヤーとして指定することもできます。

4 ソース画像と色調を合わせる

＜対象画像＞の＜画像オプション＞で、ソース画像とどの程度色調を合わせるか調整します❶。＜フェード＞でソースの色調の適用度合いを調整し、必要に応じて、＜輝度＞で明るさ、＜カラーの適用度＞でカラーの調整をします。＜プレビュー＞をクリックして❷、補正結果をプレビューし、＜OK＞をクリックします❸。

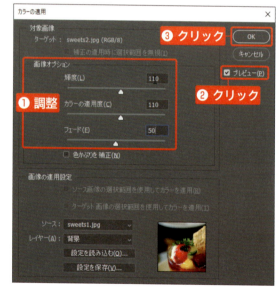

フェード	50
輝度	110
カラーの適用度	110

Hint 色かぶりを補正する

＜対象画像＞の＜色かぶりを補正＞にチェックを入れると、手軽に不要な色かぶりを取り除くことができます。

StepUp 輝度・フェード・カラーの適用度

手順4の＜画像オプション＞では、輝度、カラーの適用度、フェードという3つの設定が変更できます。「輝度」は対象画像の明るさ、「カラーの適用度」は対象画像に設定する彩度を調整します。「フェード」は、「輝度」「カラーの適用度」の設定をどれくらい画像に適用するかを調整します。

Chapter 4

選択範囲を使いこなそう

ここでは、選択範囲について確認します。画像内の一部を色調補正したり、コピーして別の画像にペーストしたりして合成するには、特定の範囲を選択する必要があります。画像の特性に応じて、効率よく選択範囲を作成しましょう。

Section

30 選択範囲を作成する

キーワード
▶ 選択範囲を保存
▶ アルファチャンネル
▶ 選択範囲を読み込み

特定の範囲を選択すると、その範囲だけの色を変えたり、コピーして別の画像にペーストできます。選択範囲の作成方法は、画像や対象物の特性によって異なります。ここでは、範囲の作成から保存、読み込みの流れを確認しましょう。

選択範囲に関する基本的な操作

画像内の特定範囲にのみ操作を適用するには、選択範囲を作成し、範囲を指定する必要があります。次の選択範囲に関する基本的な操作は、作業中に頻繁に出てきますので、整理しておきましょう。

❶ 選択範囲の作成
選択範囲の作成方法は、画像や対象物の特性によって異なります（P.93）。

❷ 選択範囲の保存
選択範囲を保存しておけば、作業を中断しても、後から読み込むことで、続きから作業を再開できます。選択範囲は<チャンネル>パネルに**アルファチャンネル**として保存されます。アルファチャンネルは画像に付いてくる補助的な情報で、選択範囲を管理しています（P.95のStepUp）。

❸ 選択範囲の解除
選択を解除しないと、以降の操作の適用範囲が選択範囲内になってしまいます。不要なときは選択を解除しましょう。

❹ 選択範囲の読み込み
保存した選択範囲は、ファイル内に保存されるので、読み込んで活用できます。

例：花の部分のみを選択範囲にし、色を変えた

選択範囲を作成して保存する

1 選択範囲を作成する

写真や対象物の特性に応じて、選択範囲を作成します。実際の選択範囲の作成方法はP.96〜114を参考にしてください。ここでは＜クイック選択＞ツール（P.102）を使って選択しています。

2 選択範囲を保存する

メニューバーの＜選択範囲＞をクリックし①、＜選択範囲を保存＞をクリックします②。

3 選択範囲の名前を付ける

＜選択範囲を保存＞ダイアログボックスが表示されます。＜保存先＞の＜名前＞に選択範囲の名前（ここでは「cherry」）を入力します①。＜選択範囲＞で＜新規チャンネル＞をクリックして選択し②、＜OK＞をクリックします③。

4 選択範囲が保存できた

＜チャンネル＞パネルに作成した選択範囲が保存されました。

Hint アルファチャンネル

選択範囲に名前を付けずに保存した場合、＜アルファチャンネル○（数字）＞という名前で保存されます。

選択を解除する

1 選択を解除する

メニューバーの<選択範囲>をクリックし❶、<選択を解除>をクリックします❷。

 <選択を解除>のショートカット

慣れてきたら、活用してみましょう。
■選択を解除＝Ctrl+D（command+D）キー

2 選択が解除された

選択が解除されました。

選択範囲を読み込む

1 選択範囲を読み込む

メニューバーの<選択範囲>をクリックし❶、<選択範囲を読み込む>をクリックします❷。

2 選択範囲を指定する

<選択範囲を読み込む>ダイアログボックスが表示されます。<ソース>の<チャンネル>で保存した選択範囲を選択し❶、<OK>をクリックします❷。

3 選択範囲が読み込まれた

選択範囲が読み込まれました。

> **Hint 選択範囲を読み込む**
>
> Ctrl (command) キーを押しながら＜チャンネル＞パネルのアルファチャンネルのサムネールをクリックしても読み込めます。

選択範囲が読み込まれた

StepUp アルファチャンネルとカラーチャンネル

デジカメで撮影した写真などの画像データは、R（赤）、G（緑）、B（青）の3色の組み合わせで色を表現しています。＜チャンネル＞パネルには、3色それぞれの明るさや濃度の情報が**グレースケール（黒・グレー・白）**で表示されていて、各色の要素が強い（明るい・濃い）ほど白く、弱い（暗い・薄い）ほど黒く表示されます。例えば、赤いさくらんぼの画像は、レッドチャンネルが白くなっています。

一方、アルファチャンネルは、色の表現とは別の補助的な情報を保存したチャンネルで、選択範囲を管理しています。P.93で保存した選択範囲を＜チャンネル＞パネルで見てみましょう。**選択範囲は白、選択範囲外は黒**になっていることがわかります。また、**低い不透明度やぼかしが含まれる箇所はグレー**になります。

選択範囲をアルファチャンネルとして保存しておくと、いつでも読み込んで、選択範囲の色調だけを変えたり、他の画像との合成に利用したりできます。

カラーチャンネル / アルファチャンネル

レッド / 赤い部分が白く表示されている

選択範囲が白く表示される

ぼかし部分はグレーで表示される

Section

31 長方形や楕円形で範囲を選択する

キーワード
- 長方形選択ツール
- 楕円形選択ツール
- ぼかし

四角形の選択範囲を作成するには＜長方形選択＞ツールを、円形の選択範囲を作成するには＜楕円形選択＞ツールを使用します。どちらも整った形をすばやく選択できます。

長方形選択ツールで長方形の選択範囲を作成する

1 長方形選択ツールを選択する

ツールパネルから＜長方形選択＞ツールをクリックします❶。オプションバーの設定は、初期設定でかまいません。

Memo アンチエイリアスとは

アンチエイリアスとは、被写体のピクセルのギザギザを目立たせないために、背景画像となじませる処理のことです。＜長方形選択＞では使用できません。

2 選択範囲を作成する

ドラッグして❶、選択範囲を作成します。

Hint 縦横比を固定する

Shiftキーを押しながらドラッグすると、縦横比を固定できます。長方形の場合は正方形に、楕円形の場合は正円になります。

3 選択範囲が作成された

マウスボタンから指を放すと、破線で囲まれた選択範囲が作成されます。

楕円形選択ツールで楕円形の選択範囲を作成する

1 楕円形選択ツールを選択する

ツールパネルの＜長方形選択＞ツールを長押しし❶、＜楕円形選択＞ツールをクリックします❷。ここでは、オプションバーの＜ぼかし＞を「10px」にします❸。

| ぼかし | 10px |

2 選択範囲を指定する

ドラッグして❶、選択範囲を指定します。

Hint 選択範囲がうまく作れないときは

思い通りの場所を選択できないときは、範囲の確定前（マウスボタンから指を放していない状態）に、Space キーを押しながらドラッグすると、選択範囲の位置を移動できます。

3 選択範囲が作成された

マウスボタンから指を放すと、破線で囲まれた選択範囲ができます。
選択範囲を作成する前に、オプションバーの＜ぼかし＞に数値を指定すると、選択範囲の境界線をぼかすことができますが、選択範囲の破線を見ただけでは、結果がわかりません。

4 コピー&ペーストする

他の画像にコピー&ペーストして合成してみると、ぼけていることがわかります。境界線がぼけるので、画像合成をした際に、柔らかい印象にすることができます。

Section

32 フリーハンドで
おおまかな範囲を選択する

キーワード
- なげなわツール
- 多角形選択ツール
- クイックマスク

＜なげなわ＞ツールを使えば、フリーハンドでざっくりとした選択範囲を作ることができます。長方形や楕円形のような形を選択するのには向いていませんが、その他の方法と組み合わせて、複雑な形の選択範囲を作ることができます。

Chapter 4 選択範囲を使いこなそう

なげなわツールでざっくりとした選択範囲を作成する

1 なげなわツールを選択する

ツールパネルから＜なげなわ＞ツールをクリックします❶。オプションバーの設定は、初期設定でかまいません。

2 選択範囲を作成する

ドラッグして❶、選択範囲を作成します。ドラッグ中は、マウスポインターの動いた形に線が引かれるような表示になります。

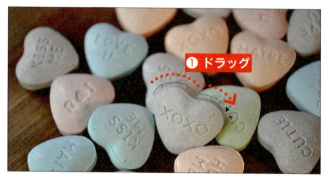

Hint 一時的に多角形選択ツールにする

ドラッグ中に、[Alt]([option])キーを押したままにすると、一時的に＜多角形選択＞ツール(P.100)に切り替えることができます。キーから指を放すと、＜なげなわ＞ツールに戻ります。

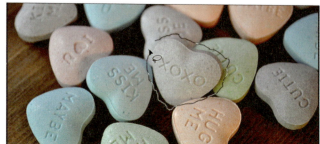

098

3 選択範囲が作成された

マウスボタンから指を放すと、破線で囲まれた選択範囲ができます。

Hint 途中で指を放さないように注意

ドラッグの途中でマウスボタンから指を放すと、放した時点で終了となり、選択範囲が作成されます。やり直したい場合は、一度選択を解除しましょう（P.94）。

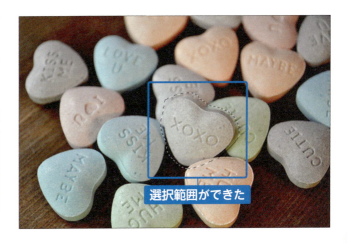

選択範囲ができた

StepUp 選択範囲の追加

選択範囲を追加したいときは、オプションバーの設定を＜選択範囲に追加＞に切り替えます。

StepUp クイックマスクを組み合わせて微調整する

対象物をざっくりと選択できる＜なげなわ＞ツールと、細かい箇所を塗る感覚で選択できるクイックマスク（P.108）を組み合わせると、選択範囲を微調整して整えることができます。上記の手順3の後に、クイックマスクモード（＜クイックマスクモードで編集＞ボタンをダブルクリックして、クイックマスクオプションを表示し、着色表示は＜選択範囲に色を付ける＞に設定）に切り替えると、作成した選択範囲は色付きの状態になります。ここから続きを＜ブラシ＞ツールで編集します。描画色：黒で塗ると、選択範囲を追加でき、描画色：白で塗ると、選択範囲を除外できます。選択したい対象物が色付きになったら、クイックマスクモードを解除して、選択範囲の仕上がりを確認します。

クイックマスクの機能は、＜なげなわ＞ツール以外にも、さまざまな選択範囲の作成方法と組み合わせて、選択範囲を微調整できますので、ぜひ活用してみてください。

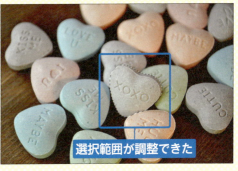

選択範囲が調整できた

Section

33 多角形を選択する

キーワード
▶ 多角形選択ツール
▶ なげなわツール
▶ マグネット選択ツール

＜多角形選択＞ツールを使うと、直線的なものを手軽に選択できます。＜長方形選択＞ツールが四角形の選択範囲しか作成できないのに対し、＜多角形選択＞ツールは、ブロックや箱など不規則な多角形もクリックして選択できます。

多角形選択ツールで直線的な選択範囲を作成する

1 多角形選択ツールを選択する

ツールパネルの＜なげなわ＞ツールを長押しし❶、＜多角形選択＞ツールをクリックします❷。オプションバーの設定は、初期設定でかまいません。

Hint オプションバーの設定

オプションバーの設定は、＜なげなわ＞ツールと同様です。

2 選択範囲を作成する

クリックして❶、始点を決めます。2つ目の角をクリックすると❷、始点との間に線ができます。以降、クリックするごとにつながっていきます。

Hint 一時的になげなわツールにする

クリック中に、Alt（option）キーを押してドラッグをすると、一時的に＜なげなわ＞ツール（P.98）に切り替えることができます。キーから指を放すと、＜多角形選択＞ツールに戻ります。

3 選択範囲の指定を終了する

始点にマウスポインターを合わせ、終了を表すマークになったことを確認し、クリックして❶、終了します。

Hint 1つ前のポイントに戻るには

途中で BackSpace (delete) キーを押すと、1つ前のクリックポイントがなくなり、1つ前のポイントに戻ることができます。

4 選択範囲が作成された

マウスボタンから指を放すと、破線で囲まれた選択範囲ができます。

Hint 選択範囲の作成をやり直すには

選択範囲の作成を最初からやり直したい場合は、画像の上の適当な箇所でダブルクリックして選択範囲を確定し、選択を解除しましょう（P.94）。

StepUp マグネット選択ツールとは

＜マグネット選択＞ツールは、対象物と背景とのコントラスト差を検知して選択するツールです。対象物と背景とのコントラスト差が大きい画像の場合に効力を発揮します。
例えば、右のような靴を選択する場合、対象物と背景のコントラスト差が大きい画像❶と、コントラスト差が小さい画像❷を比較すると、コントラスト差が小さい❷の画像では、対象物と背景のコントラスト差を検知しにくくなります。
＜マグネット選択＞ツールは、始点をクリックして対象物の周りに沿ってマウスポインターを動かすと、自動で境界部分に吸着します。一周して始点にマウスポインターを合わせ、終了を表すマークが出たらクリックして終了します。
ただし＜マグネット選択＞ツールを使うよりも、＜クイック選択＞ツールや＜自動選択＞ツールを使うほうが効率的な場合が多いため、詳しい解説は省きます。こういうツールもあると知っておくといいでしょう。

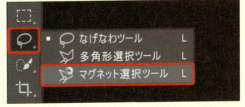

Chapter 4 選択範囲を使いこなそう

101

Section

34 すばやく自動的に選択する

キーワード
- クイック選択ツール
- 自動調整
- 直径

<クイック選択>ツールは、クリックもしくはドラッグした箇所と似ている色の範囲を自動検知して選択範囲を作ります。ブラシ系のツールなので、ブラシサイズを調整できるため、選択範囲を微調整できる手軽さがあるツールです。

クイック選択ツールで選択範囲を作成する

1 クイック選択ツールを選択する

ツールパネルから<クイック選択>ツールをクリックします❶。

2 ブラシを設定する

オプションバーでブラシを設定します。<自動調整>をクリックしてチェックを入れ❶、 をクリックして❷、ブラシオプションを表示します。直径(ここでは「150px」)を設定します❸。選択したい対象物より少し小さくすると、ワンクリックで選択しやすくなります。再度 をクリックし、閉じます。

直径	150px
自動調整	オン

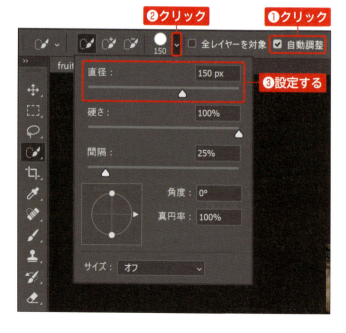

Hint ブラシの自動調整とは

オプションバーの<自動調整>にチェックを入れると、選択範囲の境界線が滑らかになります。

3 選択したい箇所をクリックする

選択したい対象物をクリックします❶。

Hint ブラシサイズを調整する

ブラシサイズは、[[ ]キーを押すと小さく、[ ]]キーを押すと大きくなります。対象物の上にマウスポインターを合わせ、ショートカットキーを使うと、すばやく調整できます。

4 選択範囲が作成された

選択範囲が作成されました。

5 選択範囲を調整する

一度で選択し切れなかった箇所がある場合、適宜ブラシサイズ（ここでは「100px」）を調整し、その箇所をクリックすると❶、選択範囲に追加できます。逆に、取り過ぎた場合は、[Alt]（[option]）キーを押しながら、クリックもしくはドラッグして除外します。

6 選択範囲が作成された

選択範囲を調整して、意図した通りの範囲が選択できました。

Section

35 似たカラーの範囲を選択する

キーワード
- 自動選択ツール
- 許容値
- 隣接

＜自動選択＞ツールは、似ている色のレベルを指定する＜許容値＞を元に、クリックした箇所と似ている色の範囲を自動検知して選択範囲を作ります。＜選択範囲を反転＞（P.106）と組み合わせて使用することが多いツールです。

自動選択ツールで選択範囲を作成する

1 自動選択ツールを選択する

ツールパネルの＜クイック選択＞ツールを長押しし❶、＜自動選択＞ツールをクリックします❷。

2 オプションを設定する

オプションバーで許容値（ここでは「32」）を指定し❶、＜隣接＞をクリックしてチェックを入れます❷。

Hint 許容値

許容値は似ている色のレベルのことで、0～255の値を指定できます。許容値が大きいほど、一度のクリックで広い範囲を選択でき、255で画像を全選択します。まずは、初期設定値の32で試してみましょう。

Hint 隣接

＜隣接＞のチェックボックスにチェックを入れると、クリックした箇所と隣接している箇所のみが選択の対象となります。

3 選択範囲を指定する

選択したい箇所をクリックします。ここでは、背景の白い箇所をクリックします❶。

Hint 商品写真を選択する際に活躍

背景が単調な色の場合、＜自動選択＞ツールで選択し、選択範囲を反転（P.106）すると、対象物を簡単に選択できます。撮影する段階で、この点を意識しておくと、後のデジタル作業が楽になります。

4 選択範囲を調整する

選択範囲ができました。一度で取り切れなかった箇所がある場合、その箇所を Shift キーを押しながらクリックすると❶、選択範囲に追加できます。逆に、取り過ぎた場合は、Alt （option）キーを押しながらクリックして除外します。

5 選択範囲が作成された

選択範囲を調整して、意図した通りの範囲が選択できました。

Hint 選択範囲を反転する

続いて、＜選択範囲を反転＞（P.106）を行うと、結果的にりんごを選択範囲にできます。

Hint 選択範囲を消去する

続いて、背景レイヤーを画像レイヤーに変換し、選択範囲である背景を消去することもできます（P.107）。

Section

36 選択範囲を反転する

キーワード
- クイック選択ツール
- 選択範囲を反転
- 背景を透明にする

対象物を選択する際に、対象物以外の範囲を選択して反転させたほうが簡単な場合があります。＜選択範囲を反転＞は、＜自動選択＞ツール（P.104）やクイック選択＞ツール（P.102）と組み合わせて使うことが多い便利な機能です。

選択範囲を反転する

1 クイック選択ツールで選択する

＜クイック選択＞ツール（P.102）で、対象物をクリックして❶、選択します。

2 選択範囲を反転する

メニューバーの＜選択範囲＞をクリックし❶、＜選択範囲を反転＞をクリックします❷。

3 選択範囲が反転した

選択範囲が反転しました。結果的に、背景を選択できました。

Hint ショートカットの活用

慣れてきたら、活用してみましょう。
■選択範囲を反転
＝Shift＋Ctrl＋I（shift＋command＋I）キー

選択した背景を消去する

1 背景レイヤーを画像レイヤーにする

＜レイヤー＞パネルを表示し、背景レイヤーをダブルクリックします❶。＜新規レイヤー＞ダイアログボックスが表示されるので、＜OK＞をクリックして❷、通常の画像レイヤーに変換します。

> **Hint　メニューバーからレイヤーを変換する**
>
> メニューバーの＜レイヤー＞をクリックして、＜レイヤー＞→＜新規＞→＜背景からレイヤーへ＞をクリックしても、画像レイヤーに変換できます（P.121）。

2 選択範囲を消去する

[BackSpace]（[delete]）キーを押して❶、選択範囲を消去します。選択範囲が透明（白とグレーの格子模様）になります。

> **Hint　画像レイヤーに変換する理由**
>
> 背景レイヤーを画像レイヤーに変換しないと、この操作で消去できません。

3 選択を解除する

選択を解除し（P.94）、仕上がりを確認します。

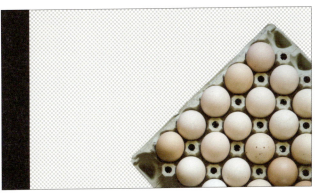

Section 37 選択範囲を色に置き換える

キーワード
- クイックマスク
- ブラシツール
- 描画色と背景色

選択範囲は通常、破線で表示されますが、クイックマスクモードにすると、選択範囲を色で表示することができます。選択範囲を＜ブラシ＞ツールで編集するときなど、直感的に操作できるのでおすすめです。

おおまかに作成した選択範囲を、クイックマスクモードで編集する

1 なげなわツールで選択する

＜なげなわ＞ツールで選択範囲を指定します（P.98）。このとき、選択範囲は破線で表示されています。

Memo　画像描画モード

通常、選択範囲は、破線で表示されますが、これを画像描画モードといいます。

2 クイックマスクモードに切り替える

ツールパネルの＜クイックマスクモードで編集＞ボタンをダブルクリックし①、＜クイックマスクオプション＞ダイアログボックスを表示します。＜着色表示＞の＜選択範囲に色を付ける＞をクリックして選択し②、＜OK＞をクリックして③、ダイアログボックスを閉じます。

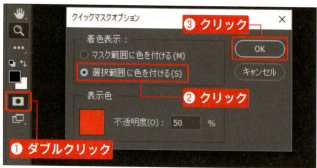

Hint　表示色

選択範囲は、＜表示色＞で色と不透明度を設定できます。初期設定はR（レッド）255ですが、元画像が赤系の場合は、変更したほうが識別しやすくなります。

3 クイックマスクモードで編集する

P.210を参考に描画色を「黒」に設定します❶。＜ブラシ＞ツールをクリックし❷、選択範囲に追加したい箇所をドラッグします❸。

■ブラシの設定

直径	16px
硬さ	100%
種類	ハード円ブラシ

4 選択範囲が作成された

ドラッグした場所が手順❷で設定した表示色の色（ここでは赤）で塗りつぶされます。選択範囲から削除したい箇所は、描画色を「白」に設定してドラッグします。

Hint 黒・白・グレーで編集する

＜着色表示＞で＜選択範囲に色を付ける＞を選択した場合、選択範囲を黒、選択範囲外を白、ぼかしたい箇所をグレーで塗りつぶして編集します。

5 クイックマスクモードを解除する

ツールパネルの＜画像描画モードで編集＞をクリックし、クイックマスクモードを解除します。選択範囲が破線の表示が、より精度の高いものに仕上がります。

StepUp ショートカットの活用

慣れてきたら、キーボードショートカットを活用しましょう。
❶ 画像描画モードとクイックマスクモードの切り替え‥Qキー
❷ 描画色と背景色を初期設定に戻す‥‥‥‥‥‥‥‥‥Dキー
　（描画色：黒、背景色：白になる）
❸ 描画色と背景色を入れ替え‥‥‥‥‥‥‥‥‥‥‥‥Xキー

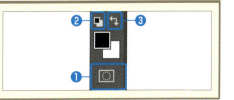

Section

38 パスを選択範囲に変換する

キーワード
▶ ペンツール
▶ パスパネル
▶ パスを選択範囲として読み込む

輪郭がはっきりしている対象物を選択するには、＜ペン＞ツール（P.232）でトレースしたパスを選択範囲に変換すると、精度の高い選択範囲を作成できます。パスと選択範囲は表裏一体であることも覚えておきましょう。

ペンツールで対象物をトレースする

1 ペンツールを選択する

ツールパネルより＜ペン＞ツール（P.232）をクリックし❶、オプションバーの＜ツールモード＞で＜パス＞をクリックします❷。

Hint ツールモードの内容

ツールモードを切り替えると、パス以外にシェイプ（P.230）も作成できます。

2 対象物をトレースする

＜ペン＞ツールで対象物をトレースして、クローズパス（P.231）を作成します❶。作成後、＜パス＞パネルに、作業用パスができていることを確認します❷。なお、＜ペン＞ツールの操作方法はP.232で解説しています。あらかじめそちらをご確認ください。

Hint 作業用パス

作業用パスは、一時的なものであり、新規で別のパスを作成すると消えるので、注意しましょう。作業用パスのままでも選択範囲に変換できますが、ここでは、念のため、手順3で作業用パスをパス（P.111）として保存します。

3 パスとして保存する

＜パス＞パネルのパネルメニュー■をクリックし❶、＜パスを保存＞をクリックします❷。＜パスを保存＞ダイアログボックスで、パス名（ここではcup）を入力し❸、＜OK＞をクリックします❹。

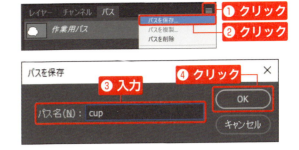

4 選択範囲に変換する

保存したパスをクリックして❶、選択した状態にします。＜パス＞パネル下部の＜パスを選択範囲として読み込む＞をクリックし❷、パスを選択範囲に変換します。

Hint すばやく変換する

Ctrl（command）キーを押しながら、＜パス＞パネルのパスのサムネールをクリックすると、すばやく選択範囲に変換できます。

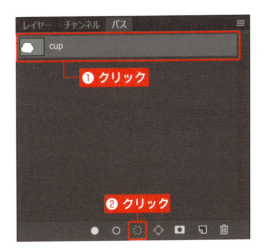

5 選択範囲に変換された

パスが選択範囲に変換されました。

選択範囲に変換された

StepUp パスと選択範囲は表裏一体

ここでは、＜パス＞パネルに保存したパスを選択範囲に変換しましたが、逆に、＜チャンネル＞パネルに保存した選択範囲（P.93）をパスに変換することもできます。選択範囲を読み込み（P.94）、＜パス＞パネルの＜選択範囲から作業用パスを作成＞をクリックすると、作業用パスができます。

111

Section

39 似た色を選択して選択範囲を広げる

キーワード
▶ 自動選択ツール
▶ 近似色を選択
▶ 選択範囲を拡張

<自動選択>ツールを使うと、<許容値>に応じてクリックした箇所の近似色を選択できますが、選択したい範囲が広い場合は、<近似色を選択>や<選択範囲を拡張>を組み合わせると、広範囲を効率的に選択できます。

近似色を選択を組み合わせて広範囲を選択する

1 自動選択ツールで選択する

<自動選択>ツール（P.104）で、画像の一部をクリックして選択します。現時点では、目的の範囲がすべて選択されていなくてもかまいません。

| 許容値 | 50 |

<許容値>の範囲内の近似色が選択される

クリック

選択されていない箇所がある

2 <近似色を選択>を選択する

メニューバーの<選択範囲>をクリックし❶、<近似色を選択>をクリックします❷。

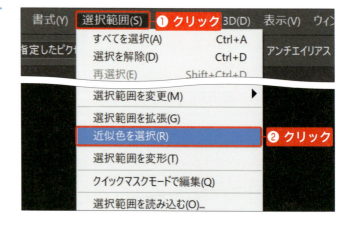

Chapter 4 選択範囲を使いこなそう

3 選択範囲が追加された

＜自動選択＞ツールのオプションバーの＜許容値＞を元に、選択範囲が追加されます。＜近似色を選択＞は、手順1でクリックした箇所と隣接していない箇所も対象となります。しかし、まだ選択されていない箇所があります。

4 近似色を選択を繰り返す

再度メニューバーの＜選択範囲＞をクリックし、＜近似色を選択＞をクリックすると、選択範囲が追加されます。ただし、事前に設定した＜許容値＞の値によっては、あまり追加されないこともあります。
あまり追加されない場合は、＜近似色を選択＞を繰り返す前に、＜自動選択＞ツールのオプションバーで＜許容値＞を上げてから繰り返します。

Hint 許容値の調整

＜近似色を選択＞は、＜自動選択＞ツールの＜許容値＞を元に、選択範囲を追加します。＜近似色を選択＞は、繰り返し使うことで、目的の広範囲を選択できますが、繰り返すごとに＜許容値＞の設定を調整しましょう。
例えば、＜許容値：32＞❶より＜許容値：50＞❷のほうが広範囲を選択できます。＜許容値＞の値をどれくらいにしたらよいかは、画像によって異なるので、結果を見ながら調整してみましょう。

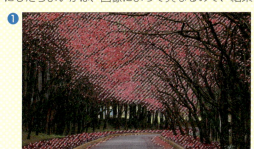

5 選択範囲ができた

選択範囲を作成できました。ここでは、＜色相・彩度＞の調整レイヤー（P.74）を追加して❶、色相を変更することで木の葉の色を変えました。

Hint 選択範囲を拡張との違い

手順1のあと、＜近似色を選択＞の代わりにメニューバーの＜選択範囲＞→＜選択範囲を拡張＞をクリックしても、選択範囲を追加できます。＜近似色を選択＞との違いは、隣接箇所のみが対象となることです。画像内の思わぬところに影響が出ることを防ぎたい場合は、＜選択範囲を拡張＞を使ってみましょう。

❶ 調整レイヤーを追加

木の葉の色が変わった

Chapter **5**

レイヤーを
操作できるようになろう

ここでは、レイヤーについて確認します。レイヤーとは、透明なフィルムのようなものです。6種類のレイヤーの名称と役割を理解しておくと、画像合成をする際に効率的に作業ができます。

Section

40 レイヤーの種類を確認する

キーワード
▶ レイヤー
▶ レイヤーパネル
▶ 背景レイヤー

レイヤーとは透明なフィルムみたいなものです。複数のレイヤーを重ね合わせて、さまざまなビジュアルを構成することができます。ここでは、6種類のレイヤーの役割について解説します。

レイヤーは役割ごとに6つの種類に分かれる

レイヤーは、役割別に6種類あります。それぞれの名前と役割を整理して覚えておくと、画像合成が効率的にできます。

これらは＜レイヤー＞パネルで管理し、上位のレイヤーほど、前面に表示されます。

レイヤーは＜レイヤー＞パネルで管理されている、上部のレイヤーほど、前面に表示される

Chapter 5 レイヤーを操作できるようになろう

6つのレイヤーの種類と役割

■ **背景レイヤー**

ドキュメントの最下部にあるレイヤーです。デジタルカメラで撮影などした画像を読み込むと、背景レイヤーとして読み込まれます。はじめからレイヤーがロックされていて、画像レイヤーに変換(P.121)しないと、移動や不透明度の変更ができません。

■ **通常の画像レイヤー**

別の画像からコピー＆ペーストして作成したり、＜レイヤー＞パネル下部の＜新規レイヤーを作成＞をクリックして作成するレイヤーです。

■ **調整レイヤー**

色調補正をするためのレイヤーです。左のサムネールは補正の設定(P.59)、右のサムネールはレイヤーマスク(P.154)を管理します。

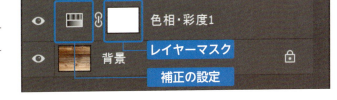

■ **塗りつぶしレイヤー**

塗りつぶすためのレイヤーで、べた塗り、グラデーション、パターンの3種類があります。左のサムネールは塗りつぶしの設定(P.171)を、右のサムネールはレイヤーマスク(P.154)を管理しています。

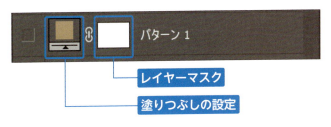

■ **テキストレイヤー**

文字を入力すると作成されるレイヤーです。サムネールは、文字の設定を管理しています。

■ **シェイプレイヤー**

図形を描くと作成されるレイヤーです。サムネールは、カラーの設定を管理しています。

Section

41 レイヤーを操作する

キーワード
- 表示・非表示
- すべてをロック
- 5つのロック方法

＜レイヤー＞パネルを使って、レイヤーの基本操作を確認しましょう。レイヤーの表示／非表示を切り替えると、仕上がりのイメージを簡単に確認できます。また、レイヤーは、ロックして固定することができます。

レイヤーの表示・非表示を切り替える

1 レイヤーを非表示にする

＜レイヤー＞パネルで非表示にしたいレイヤーの 👁 をクリックします❶。ここでは塗りつぶしレイヤーの「パターン1」を非表示にします。

❶ クリック

2 非表示になった

レイヤーが非表示になり、下に隠れていた背景レイヤーが表示されました。再びレイヤーを表示するには、＜レイヤー＞パネルで表示したいレイヤーの □ をクリックします❶。

ビジュアルが変わった　❶ クリック
目玉マークが消えた

3 レイヤーが表示された

非表示になっていたレイヤー（ここでは「パターン1」）が表示されます。

目玉マークがついた

レイヤーをロックする

1 レイヤーをロックする

<レイヤー>パネルでロックしたいレイヤー（ここでは通常の画像レイヤーの「coffee」）をクリックし❶、<すべてをロック>🔒をクリックします❷。

2 レイヤーがロックされた

選択したレイヤーの右端に🔒マークが付き、ロックされます。<すべてをロック>🔒を選択した場合、ロックしたレイヤーは、移動も編集もできなくなります。

3 ロックを解除する

レイヤーのロックを解除するには、再度、<すべてをロック>🔒をクリックします❶。

StepUp レイヤーの5つのロック方法

<レイヤー>パネルの<ロック>では、5つのロック方法を選択できます。これらは、レイヤーを選択しないと使用できません。
❶ <透明ピクセルをロック> 透明部分の編集が不可になる
❷ <画像ピクセルをロック> 画像部分の編集が不可になる
❸ <位置をロック> 移動は不可、編集は可になる
❹ <アートボードの内外への自動ネストを防ぐ> アートボード間のデータの移動を防ぐ
❺ <すべてをロック> すべての操作が不可になる

Section

42 レイヤーを移動する

キーワード
▶ 背景レイヤー
▶ 背景からレイヤーへ
▶ レイヤーから背景へ

＜レイヤー＞パネルで管理されているレイヤーは、上にあるものほど前面に表示されます。レイヤーは、移動して重なり順を変更でき、ビジュアルを簡単に変更できます。

レイヤーを移動する

1 レイヤーを移動する

＜レイヤー＞パネルで、任意のレイヤー（ここでは塗りつぶしレイヤーの「パターン1」）をドラッグして❶、移動します。

Hint 背景レイヤーは移動できない

背景レイヤーは、画像レイヤーに変換しないと、移動や不透明度の変更ができません（P.121）。また、背景レイヤーは必ずドキュメントの最下部になるため、レイヤーを背景レイヤーより下へ移動することはできません。

2 レイヤーが移動した

レイヤーが移動しました。ここでは、塗りつぶしレイヤーを最上部に移動したことで、それ以下のレイヤーが隠れて見えなくなりました。

ビジュアルが変わった

Hint レイヤーを元の位置に戻すには

レイヤーを元の位置に戻すには、レイヤーを元の位置にドラッグするか、＜ヒストリー＞パネル（P.48）で手順を戻します。

背景レイヤーを画像レイヤーに変換して移動する

1 背景レイヤーを画像レイヤーにする

<レイヤー>パネルから背景レイヤーをクリックします❶。メニューバーから<レイヤー>をクリックし❷、<新規>→<背景からレイヤーへ>をクリックします❸。

Hint 背景レイヤーをダブルクリックする

背景レイヤーをダブルクリックしても、同様の操作ができます。

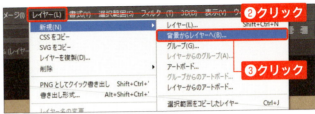

2 レイヤー名を入力する

<新規レイヤー>ダイアログボックスが表示されます。<レイヤー名>は<レイヤー0>になっていますが、必要に応じてレイヤー名を入力し❶、<OK>をクリックします❷。

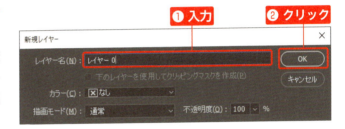

3 レイヤーを移動する

背景レイヤーが画像レイヤーになりました。P.120の手順1を参考に、レイヤーを移動します。ここでは、変換した画像レイヤーを通常の画像レイヤー「coffee」の上に移動したことで、それ以下のレイヤーが隠れて見えなくなりました。

StepUp 画像レイヤーを背景レイヤーにする

画像レイヤーを背景レイヤーにするには、メニューバーの<レイヤー>をクリックし、<新規>→<レイヤーから背景へ>をクリックします。背景レイヤーにしたレイヤーは、自動で<レイヤー>パネルのいちばん下へ移動します。

Section

43 新規レイヤーを作成する

キーワード
- 新規レイヤーを作成
- レイヤーを削除
- レイヤーの非表示

新規レイヤーを作成すると、透明のレイヤーが作られます。新規で作成したレイヤーは独立していて、他のレイヤーに影響がありません。ペイントやレタッチ（P.132）の際に活用すると、効率よく作業できます。

新規レイヤーを作成する

1 レイヤーの選択を解除する

＜レイヤー＞パネルの何もない箇所をクリックし❶、レイヤーの選択を解除します。Alt（option）キーを押しながら、＜新規レイヤーを作成＞ をクリックします❷。

Hint 新規レイヤー作成前に確認

レイヤーが選択されていない場合、新規レイヤーは、最上部にできます。事前に特定のレイヤーが選択されている場合は、選択したレイヤーの真上にできます。

2 新規レイヤーを作成する

＜新規レイヤー＞ダイアログボックスが表示されるので、＜レイヤー名＞にレイヤー名を入力し❶、＜OK＞をクリックします❷。

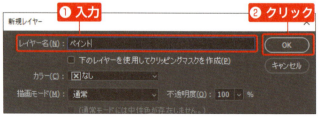

3 新規レイヤーが作成された

＜レイヤー＞パネルの最上部に新規レイヤーができました。

新規レイヤーの状態を確認する

1 新規レイヤー以外を非表示にする

[Alt]（[option]）キーを押しながら、新規レイヤーの ◉ をクリックします❶。

2 新規レイヤー以外が非表示になった

新規レイヤー以外が非表示になりました。新規で作成したレイヤーは、白とグレーの格子模様で、透明であることがわかります。

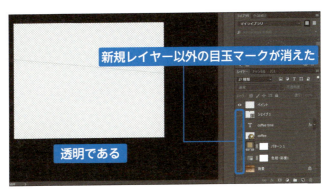

3 元の表示に戻す

再度、[Alt]（[option]）キーを押しながら、新規レイヤーの ◉ をクリックすると❶、元の表示に戻ります。

StepUp レイヤーをコピー・削除する

レイヤーをクリックし❶、＜新規レイヤーを作成＞ へドラッグすると❷、レイヤーをコピーできます。
また、レイヤーをクリックし、＜レイヤーを削除＞ をクリックして、表示されるダイアログボックスで＜はい＞をクリックすると、レイヤーを削除できます。

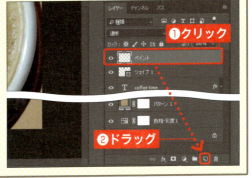

Section

44 複数のレイヤーを 1つにまとめる

キーワード
- グループ
- リンク
- レイヤーを結合

レイヤーの数が増えてくると、レイヤー同士の関連性がわかりにくくなり、作業効率が落ちてきます。そんなときはレイヤーをまとめましょう。レイヤーをまとめる方法には、グループ化、リンク、結合・統合があります。

レイヤーをグループ化する

1 レイヤーを選択する

＜レイヤー＞パネルで、グループ化したいレイヤーを Ctrl （command）キーを押しながらクリックして❶、複数選択します。
Alt （option）キーを押しながら、＜レイヤー＞パネルの＜新規グループを作成＞■ をクリックします❷。

2 レイヤーをグループ化する

＜レイヤーからの新規グループ＞ダイアログボックスを表示されるので、＜名前＞にグループ名（ここでは「title」）を入力し❶、＜OK＞をクリックします❷。

3 レイヤーがグループ化できた

レイヤーがグループ化されました。▶ をクリックすると❶、グループを展開できます。

Hint グループを解除する

＜レイヤー＞メニューをクリックし、＜レイヤーのグループ解除＞をクリックすると、グループを解除できます。

レイヤーをリンクする

1 レイヤーを選択する

<レイヤー>パネルで、リンクしたいレイヤーを Ctrl（command）キーを押しながらクリックして❶、複数選択します。<レイヤーをリンク> をクリックします❷。

2 レイヤーをリンクできた

レイヤーをリンクできました。リンクされたレイヤーの右端には、 マークが表示されます。レイヤーをリンクすると、同時に移動したり、変形したりできます。グループでも同様の操作はできますが、オプションバーの<自動選択>で、自動選択の対象を<グループ>にする必要があります（P.124）。

Hint リンクを解除する

レイヤーのリンクを解除するには、<レイヤー>パネルの<レイヤーをリンク> を再度クリックします。

StepUp レイヤーを結合する、画像を統合する

レイヤーが分かれていると、効率よく作業できないこともあります。その場合、レイヤーを結合して、複数のレイヤーを1つのレイヤーにまとめることができます。
また、レイヤーが増えるほど、ファイルサイズは大きくなります。画像を統合すると、すべてのレイヤーを背景レイヤーに統合でき、ファイルサイズを小さくすることができます。どちらも、メニューバーの<レイヤー>から実行できます。レイヤーを結合したり、画像を統合して、保存した後にファイルを閉じると、元の状態（レイヤーが分かれている状態）には戻せないので、元ファイルを編集用に別名で残しておくとよいでしょう。

Chapter 5 レイヤーを操作できるようになろう

125

Section

45 オブジェクトを操作する

キーワード
▶ 移動ツール
▶ 自動選択
▶ バウンディングボックス

＜移動＞ツールを使うと、レイヤーにあるオブジェクト（画像やシェイプ、文字などの総称）を移動できます。また、バウンディングボックスを使うと、オブジェクトの大きさや傾きを変えることができます。

オブジェクトを移動する

1 移動ツールを選択する

ツールパネルより＜移動＞ツールをクリックし❶、オプションバーの＜自動選択＞をクリックして❷、チェックを入れます。

Hint 自動選択

＜自動選択＞にチェックを入れて画像をクリックすると、＜レイヤー＞パネルでの選択状態に関わらず、自動的に該当するレイヤーもしくはグループを判別して選択します。＜レイヤー＞を選択すると、レイヤーが対象となります。＜グループ＞を選択すると、レイヤーグループ(P.124)が対象となり、グループ内のオブジェクトをまとめて移動できます。

2 画像の上をドラッグする

移動したいオブジェクトの上にマウスポインターを合わせてドラッグすると❶、該当するレイヤーのオブジェクトを移動できます。

Hint オブジェクトのコピー

Altを押しながらドラッグすると、該当するレイヤーのオブジェクトをコピーできます。

オブジェクトを変形する

1 バウンディングボックスを表示する

ツールパネルより<移動>ツールをクリックし❶、オプションバーの<バウンディングボックスを表示>をクリックして❷、チェックを入れ、バウンディングボックスを表示します。

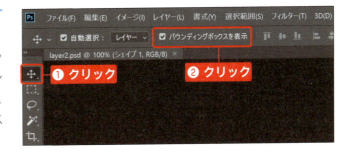

2 オブジェクトを拡大・縮小する

オブジェクトをクリックして❶、バウンディングボックスのコーナーハンドル（四隅のハンドル）にマウスポインターを合わせます。マークが表示されたら[Shift]キーを押しながらドラッグすると❷、縦横比を固定して拡大・縮小できます。

3 オブジェクトを回転させる

コーナーハンドルの外側にマウスポインターを合わせます。マークが表示されたらドラッグすると❶、回転できます。

4 変形を確定する

オプションバーの○マークをクリックするか❶、[Enter]キーを押すと、変形を確定できます。確定後は、<バウンディングボックスを表示>をクリックしてチェックを外しておきましょう❷。

StepUp バウンディングボックスのハンドルを使った変形

オブジェクトを変形させる機能のバウンディングボックスには、8つのハンドル（四角形）があります。四隅に表示される**コーナーハンドル**は、全体のサイズ調整や回転をするときに使用します。四辺の中央に表示される**サイドハンドル**は、幅や高さを調整するときに使用します。変形を行わないときは、非表示にしておいたほうが、不要な変形を防ぐことができます。

Section

46 オブジェクトを整列する

キーワード
- 移動ツール
- 整列
- 分布

＜移動＞ツールのオプションバーの整列機能を使うと、レイヤーのオブジェクトを縦方向や横方向などに揃えることができます。また、分布機能を使うと、オブジェクトを均等に配置できます。

オブジェクトを整列する（整列）

1 レイヤーを選択する

＜レイヤー＞パネルで、整列したいオブジェクトがあるレイヤーを Ctrl（command）キーを押しながらクリックして❶、複数選択します。

Hint 複数のレイヤーを選択する

Ctrl（command）キーを押しながらクリックすると、＜レイヤー＞パネルで離れている複数のレイヤーを選択できます。隣接するレイヤーであれば、Shift キーを押しながらクリックしても選択できます。

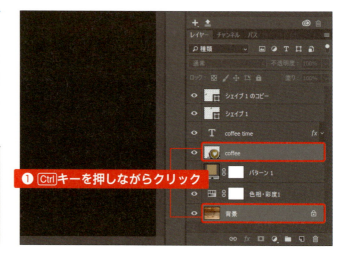

2 整列方法を選択する

ツールパネルの＜移動＞ツールをクリックし❶、オプションバーの整列方法をクリックすると❷、コーヒーカップのオブジェクトが背景の中央に揃えられます。

| 整列方法 | 水平方向中央揃え |

整列できた

オブジェクトを等間隔に配置する（分布）

1 レイヤーを選択する

<レイヤー>パネルで、整列したいオブジェクトがあるレイヤーを[Ctrl]（[command]）キーを押しながらクリックして❶、複数選択します。

Hint 画像は非表示に

ここでは、オブジェクトの分布の状態をわかりやすくするため、通常の画像レイヤー「coffee」を非表示にしています。

2 分布方法を選択する

ツールパネルの<移動>ツールをクリックし❶、オプションバーの分布方法をクリックすると❷、2つの葉っぱとテキストのオブジェクトが等間隔に配置されます。

| 分布方法 | 垂直方向中央を分布 |

等間隔に配置できた

StepUp 整列と分布の違い

整列は、2つ以上のオブジェクトを揃えることです。それに対し、分布は、3つ以上のオブジェクトを等間隔に配置することです。なお、ロックされている背景レイヤーは、分布の対象外です。分布・整列にはそれぞれ6種類の方法があります。

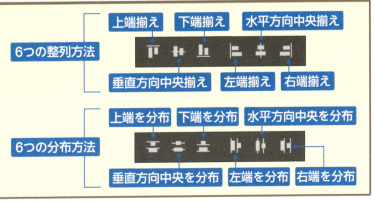

Chapter 5 レイヤーを操作できるようになろう

129

レイヤーのフィルタリング

レイヤーが増えてくると、＜レイヤー＞パネルでの管理がしづらくなります。その際に便利なのが、レイヤーのフィルタリング機能です。

■レイヤーの種類でフィルタリングする

レイヤーの種類(P.116)でフィルタリングするには、検索方法が＜種類＞の状態で、レイヤーの種類別アイコンのいずれかをクリックします。すると、＜レイヤーフィルタリングのオンとオフを切り替え＞がONになり、該当するレイヤーのみが表示されます。
フィルターには、以下の5つがあります。
- ピクセルレイヤー用フィルター
- 調整レイヤー用フィルター
- テキストレイヤー用フィルター
- シェイプレイヤー用フィルター
- スマートオブジェクト用フィルター

右図の例では、＜ピクセルレイヤー用フィルター＞をクリックし、ピクセルレイヤーである背景レイヤーと通常の画像レイヤーのみ表示されました。元の表示に戻すには、再度＜ピクセルレイヤー用フィルター＞をクリックすると、フィルタリングを解除でき、＜レイヤーフィルタリングのオンとオフを切り替え＞はの状態になります。使い方は、そのほかのフィルターも同様です。

■さまざまな検索方法

検索方法には、種類(レイヤーの種類)、名前(レイヤーの名前)、効果(レイヤースタイル)、モード(描画モード)、属性(レイヤーの状態)、カラー(レイヤーに割り当てられたカラー)、スマートオブジェクト(スマートオブジェクトの種類)、選択済み(選択中のレイヤー)、アートボードの9つがあります。切り替えると右側の表示も対応して変わります。
下図の例では、＜名前＞を選択しました。すると、右側は入力ボックスになり、入力内容が含まれるレイヤーを検索することができます。元の表示に戻すには、再度＜種類＞を選択します。

ピクセルレイヤーのみ表示された

Chapter **6**

レタッチで画像を
きれいにしよう

ここでは、レタッチについて確認します。画像内の不要物を除去したり、角度補正や切り抜きをすると、仕上がりがよくなります。カンバスサイズを調整する方法についてもご紹介します。

Section

47 細かいキズを消す

キーワード
- コピースタンプツール
- 修復ブラシツール
- 消しゴムツール

＜コピースタンプ＞ツールを使うと、周辺から取得した色を使って、不要物を消すことができます。また、使い方が似ている＜修復ブラシ＞ツールは、周辺ピクセルとなじませる機能があるので、よりシームレスに修復できます。

BEFORE キズがある　　**AFTER** キズを消してきれいに！

Chapter 6 レタッチで画像をきれいにしよう

コピースタンプツールで細かいキズを消す

1 修復用のレイヤーを作成する

Alt （option）キーを押しながら＜レイヤー＞パネル下部の＜新規レイヤーを作成＞ をクリックし❶、表示される＜新規レイヤー＞ダイアログボックスでレイヤー名（ここでは「修復用」）を入力し❷、＜OK＞をクリックします❸。

Hint 新規レイヤー作成時のコツ

Alt （option）キーを押すと、作成と同時にダイアログボックスを表示させることができます。レイヤー名も付けられるので効率的です。

2 修復用のレイヤーができた

修復用のレイヤーができました。以降は、このレイヤー上で作業します。

修復用のレイヤーを分けておけば、やり直しが簡単で、失敗を恐れず作業ができます。

3 コピースタンプツールを設定する

ツールパネルの＜コピースタンプ＞ツールをクリックします❶。オプションバーの ▼ をクリックして❷、ブラシの設定をし❸、＜サンプル＞で＜現在のレイヤー以下＞を選択します❹。

ブラシの種類	ソフト円ブラシ
直径	20px
硬さ	50%
サンプル	現在のレイヤー以下

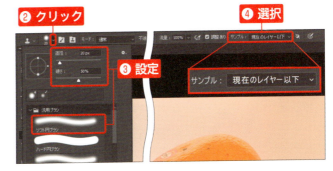

4 サンプルを取得する

キズの近辺のきれいな領域を[Alt]([option])キーを押しながらクリックし❶、サンプルを取得します。取得後、キーから指を放します。

Hint ブラシサイズ調整のコツ

消したいキズが隠れる程度のサイズにすると、ワンクリックで消せます。何度もドラッグすると汚くなるので、手順を少なくすることがポイントです。

5 キズを消す

マウスポインターが○に変わるので、キズの上まで移動し❶、クリックすると❷、キズが消えます。以降は必要に応じてサンプルを取得し直し、その他のキズを消します。

修復ブラシツールでなじませる

1 修復ブラシツールを選択する

ツールパネルの＜スポット修復ブラシ＞ツールを長押しして❶、＜修復ブラシ＞ツールをクリックします❷。

Hint コピースタンプツールと合わせて使う

あらかじめ＜コピースタンプ＞ツールできれいに整えて、＜修復ブラシ＞ツールでなじませると、きれいに仕上がります。

2 オプションバーで設定する

オプションバーの　をクリックして❶、ブラシの設定をし❷、＜サンプル＞で＜現在のレイヤー以下＞を選択します❸。

直径	30px
硬さ	100%
サンプル	現在のレイヤー以下

3 サンプルを取得する

キズの近辺のきれいな領域をAlt（option）キーを押しながらクリックし❶、サンプルを取得します。取得後、キーから指を放します。

4 キズを消す

マウスポインターが○に変わるので、キズの上まで移動し❶、クリックすると❷、キズが消えます。＜コピースタンプ＞ツールと違い、周辺ピクセルと平均化してなじませることができ、よりシームレスで自然な仕上がりとなります。

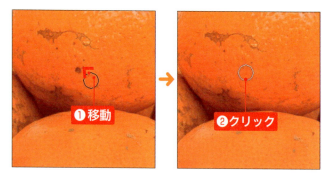

消しゴムツールで修復した箇所を元に戻す

1 消しゴムツールを選択する

ツールパネルより＜消しゴム＞ツールをクリックします❶。オプションバーの⌄をクリックして❷、ブラシの設定をします❸。

ブラシの種類	ハード円ブラシ
直径	30px
硬さ	100%

> **Hint ブラシサイズの調整**
> ＜コピースタンプ＞ツール等のブラシ系のツールと同様、ブラシサイズの調整には、同じショートカットが使えます。[[ ]キーを押すと小さく、[ ]]キーを押すと大きくなります。

2 やり直したい箇所を消す

背景レイヤーの👁をクリックして❶、修復用レイヤーのみ表示します。やり直したい箇所をドラッグすると❷、修復内容が消えます。

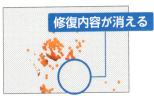

3 キズが元に戻った

背景レイヤーの■をクリックして❶、背景レイヤーを表示します。消したキズが復活し、元に戻りました。必要に応じて、修復作業をやり直します。

Section

48 | 不要な細い線を消す

キーワード
- スポット修復ブラシツール
- 全レイヤーを対象
- コンテンツに応じる

＜スポット修復ブラシ＞ツールは、サンプル不要の手軽な修復系ツールです。周辺ピクセルとなじませる機能があるので、シームレスに修復できます。対象物の背景が単調である場合に効力を発揮します。

BEFORE　せっかくの風景に電線がある
AFTER　電線を消してすっきり！

スポット修復ブラシツールで細い線を消す

1 修復用のレイヤーを作成する

P.132を参考に、修復用のレイヤーを作成します❶。以降は、このレイヤー上で作業します。

❶修復用のレイヤーを作成

2 スポット修復ブラシツールを設定する

ツールパネルの＜スポット修復ブラシ＞ツールをクリックします❶。オプションバーの をクリックして❷、ブラシの設定をします❸。また、＜種類＞で＜コンテンツに応じる＞を選択し❹、＜全レイヤーを対象＞をクリックして❺、チェックを入れます。

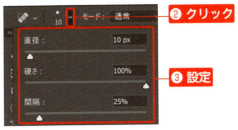

ブラシサイズ（直径）	10px
硬さ	100%
間隔	25%

Hint コンテンツに応じる

＜コンテンツに応じる＞は、周辺領域の内容（コンテンツ）を合成して自然に修復する機能です。Photoshopには他にも、＜コンテンツに応じる＞がオプションで組まれている機能がいくつかあります。

Hint ＜全レイヤーを対象＞とは

＜コピースタンプ＞ツールや＜修復ブラシ＞ツールのオプションバーにある＜サンプル＞の＜すべてのレイヤー＞と同様の機能で、サンプルの取得先として全レイヤーが対象になります。

3 修復したい箇所をドラッグする

電線の上をドラッグします❶。

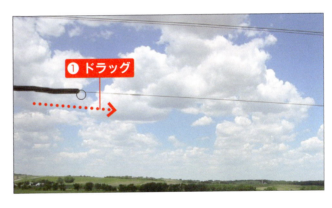

Hint ブラシサイズ調整のコツ

消したい線が隠れる程度のサイズにすると、きれいに消せます。ブラシサイズは、[キーを押すと小さく、]キーを押すと大きくなります。

4 電線が消える

周辺ピクセルの情報を使って、電線が消えた所に背景が補完されました。残りの電線も、同様に消して仕上げましょう。

Section

49 細かいキズやほこりを消す

キーワード
- ダスト&スクラッチ
- スマートフィルター
- しきい値

＜ダスト&スクラッチ＞の機能を使うと、瞬時に細かいキズやほこりを消すことができます。不要物が多い場合など、＜コピースタンプ＞ツールで1つ1つ消すのでは手間がかかるときに便利な機能です。

BEFORE 細かいキズがついている

AFTER キズが目立たなくなった

ダスト&スクラッチの機能を使って細かいほこりを消す

1 スマートオブジェクトレイヤーに変換する

メニューバーの＜フィルター＞をクリックし❶、＜スマートフィルター用に変換＞をクリックして❷、レイヤーをスマートオブジェクトレイヤーに変換します。

Memo スマートオブジェクトレイヤーとは

スマートオブジェクトレイヤーは、元情報を保持する特殊なレイヤーで、適用したフィルターのことを、スマートフィルターといいます。

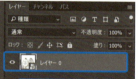

スマートオブジェクトになった

Chapter 6 レタッチで画像をきれいにしよう

138

2 ダスト&スクラッチフィルターを適用する

メニューバーの<フィルター>をクリックし❶、<ノイズ>→<ダスト&スクラッチ>をクリックします❷。

3 設定値を指定する

<ダスト&スクラッチ>ダイアログボックスが表示されるので、<半径>と<しきい値>を入力し❶、<OK>をクリックします❷。

半径	2
しきい値	0

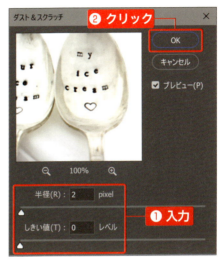

Hint 半径としきい値

半径は、ぼかすピクセルを探す範囲のことで、大きいほど画像がぼけます。しきい値0で画像または選択範囲のすべてのピクセルが対象になります。

4 細かいほこりが消える

細かいキズを瞬時に消すことができました。スマートフィルターとしてダスト&スクラッチの情報が残ります。<レイヤー>パネルの<ダスト&スクラッチ>をダブルクリックすると、ダイアログボックスを表示して、設定値の変更ができます。

ほこりが消えた

Hint 強度によりぼけてしまう

ダスト&スクラッチは、ぼかすことにより、不要物を消す機能です。<半径>の値を上げ過ぎると、画像がぼけ過ぎてしまうので、注意しましょう。

Chapter 6 レタッチで画像をきれいにしよう

139

Section

50 | 大ぶりな不要物を消す

キーワード
▶ パッチツール
▶ コンテンツに応じる
▶ 全レイヤーを対象

細かいゴミなどは、ブラシ系のツールのほうが丁寧に作業できますが、大ぶりなものは、＜パッチ＞ツールで囲んで消すのが効率的です。CCなら＜コンテンツに応じる＞機能により、シームレスに修復できます。

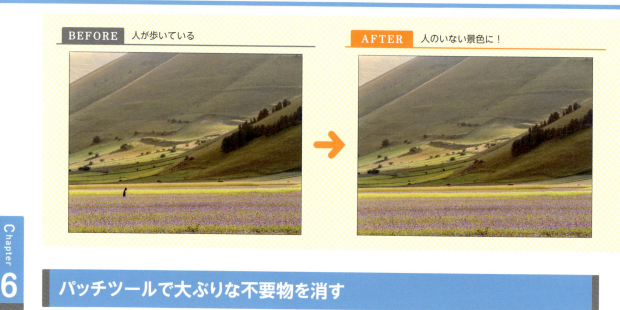

BEFORE 人が歩いている　　AFTER 人のいない景色に！

パッチツールで大ぶりな不要物を消す

1 修復用のレイヤーを作成する

P.132を参考に、修復用のレイヤーを作成します❶。以降は、このレイヤー上で作業します。

❶ 修復用のレイヤーを作成

2 パッチツールを選択する

ツールパネルの<スポット修復ブラシ>ツールを長押しし❶、<パッチ>ツールをクリックします❷。

3 オプションバーで設定する

オプションバーの<パッチ>で<コンテンツに応じる>を選択し❶、<全レイヤーを対象>をクリックしてチェックを入れます❷。

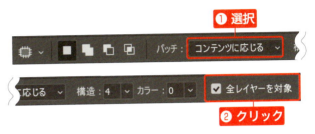

Hint 全レイヤーを対象とは

<スポット修復ブラシ>ツール(P.136)のオプションバーの<全レイヤーを対象>と同様、サンプルの取得先として全レイヤーが対象になります。

4 不要物を囲んで選択する

不要物の周りを丁寧にドラッグして❶、囲みます。マウスから指を放すと、選択範囲が作成され(P.93)、修復の対象となります。

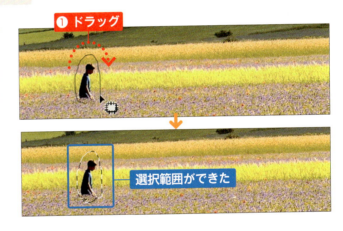

5 選択範囲をドラッグ&ドロップする

選択範囲内にマウスポインターを合わせ、周辺のきれいな領域に向かってドラッグ&ドロップします❶。メニューバーの<選択範囲>から<選択を解除>をクリックして選択を解除し(P.94)、仕上がりを確認します。

Section

51 画像の一部を切り抜く

キーワード
- 切り抜きツール
- コンテンツに応じる
- コーナーハンドル

画像内の特定の領域のみ必要とする場合、＜切り抜き＞ツールで切り抜き（トリミング）をして整えます。またCCなら、回転によって生じる透明部分を、＜コンテンツに応じる＞機能でシームレスに塗りつぶすことができます。

BEFORE 画像の一部を切り抜きたい　　**AFTER** 不要部分を切り抜いて、より魅力的に！

切り抜きツールで不要部分を切り抜く

1 切り抜きツールを選択する

ツールパネルの＜切り抜き＞ツールをクリックします❶。オプションバーの＜切り抜いたピクセルを削除＞をクリックしてチェックを外し❷、＜コンテンツに応じる＞をクリックしてチェックを入れます❸。

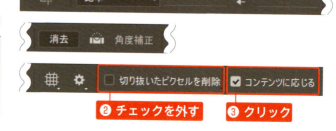

Hint　切り抜いたピクセルを削除

オプションバーの＜切り抜いたピクセルを削除＞のチェックを外しておくと、切り抜いた領域を保持できるため、やり直しが容易にできます。

2 切り抜き範囲を囲む

切り抜く領域を、左上から右下に向かってドラッグして❶、囲みます。囲んだ領域は、破線で表示されます。

3 切り抜き範囲を調整する

マウスボタンから指を放すと、囲んだ領域外(切り取られる部分)はグレーアウトします。周囲のハンドルをドラッグすると❶、切り抜き範囲のサイズを調整できます。

Hint ハンドルを使った調整

切り抜き領域の周辺には、8つのハンドルがあります。Shiftキーを押しながら、コーナーハンドルをドラッグすると、縦横比固定で全体のサイズを調整でき、ハンドルの少し外側をドラッグすると回転できます。また、サイドハンドルをドラッグすると、幅や高さを調整できます。

4 画像を切り抜く

コーナーハンドルの少し外側をドラッグすると❶、回転できます。また、切り抜き範囲内をドラッグすると、位置を調整できます。Enterキーを押して、切り抜きを確定すると画像を切り抜くことができます。

Hint 切り抜きをやり直すには

切り抜きをやり直したい場合は、＜切り抜き＞ツールで領域内をクリックして、編集モードにします。オプションバーの＜切り抜いたピクセルを削除＞のチェックが外れている場合のみ有効です。

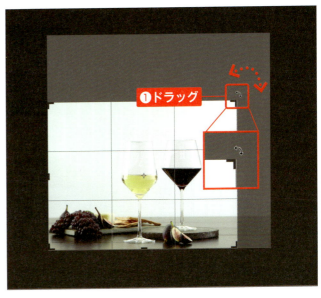

Section 52 斜めの画像を水平に補正する

キーワード
- 切り抜きツール
- 角度補正
- ものさしツール

＜切り抜き＞ツールは、オプションバーの＜角度補正＞の機能を使うと、画像の切り抜きと傾きの補正を同時に行うことができます。また、＜ものさし＞ツールを使っても、手軽に角度補正ができます。

BEFORE 傾きを水平にしたい　　AFTER 角度を補正して水平に！

切り抜きツールで角度を補正する

1 切り抜きツールを選択する

ツールパネルの＜切り抜き＞ツールをクリックします❶。オプションバーの＜切り抜いたピクセルを削除＞をクリックしてチェックを外し❷、＜コンテンツに応じる＞をクリックしてチェックを入れます❸。

❶クリック

❷クリックしてチェックを外す

❸チェック

2 傾きを計測する

オプションバーの＜角度補正＞をクリックして有効にし❶、画像上をドラッグして傾きを計測します❷。

Hint ものさしツールを使う

＜ものさし＞ツールでも、画像上をドラッグして傾斜を計測できます。計測後、オプションバーの＜レイヤーの角度補正＞をクリックすると、角度が補正されます。

3 計測を確定する

計測により、自動的に水平に補正されます。オプションバーの○をクリックし❶、確定すると、角度が補正され、傾きがなくなります。角度補正によって生じた透明部分は、＜コンテンツに応じる＞機能により、自動的に塗りつぶされます。

Hint キーボードで確定・取り消しする

確定はEnter（return）キー、取り消しはEscキーで代用できます。

StepUp ものさしツールを使って角度を補正する

ツールパネルの＜ものさし＞ツールをクリックし❶、手順2と同様に画像上をドラッグして傾きを計測します。メニューバーから＜イメージ＞→＜画像の回転＞→＜角度入力＞をクリックすると、表示されるダイアログボックスに計測した角度が自動入力されているので、＜OK＞をクリックして❷角度を補正します。

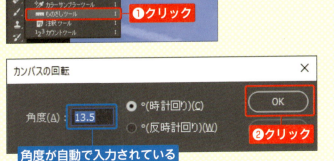

Chapter 6 レタッチで画像をきれいにしよう

Section

53 カンバスサイズを大きくする

キーワード
- カンバスサイズ
- 相対
- 基準位置

＜カンバスサイズ＞機能を使うと、画像に追加領域を設けて、画像の寸法を大きくすることができます。画像をポラロイド風にしたり、余白を作って簡単な説明を入れたいときに便利です。

BEFORE 画像下部に領域を追加したい

AFTER 画像下部に領域が追加できた！

カンバスサイズを大きくする

1 カンバスサイズを表示する

メニューバーの＜イメージ＞をクリックし❶、＜カンバスサイズ＞をクリックします❷。

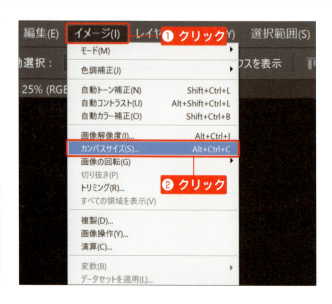

Hint カンバスとは

カンバスとは、ファイルの作業領域のことです。カンバスサイズを変更すると、作業領域を拡大／縮小できます。カンバスサイズを元の画像より小さくすると、カンバスからはみ出した部分はカットされます。

Chapter 6 レタッチで画像をきれいにしよう

2 カンバスサイズを設定する

<相対>をクリックしてチェックを入れ
❶、追加したいサイズを入力します❷。

| 高さ | 50pixel |

Hint 相対とは

現在のカンバスサイズに対して「あと○pixel」というように、追加したい寸法が明確な場合は、<相対>をクリックしてチェックを入れ、数値を入力します。合計のサイズで指定したい場合は、チェックを外して数値を入力します。

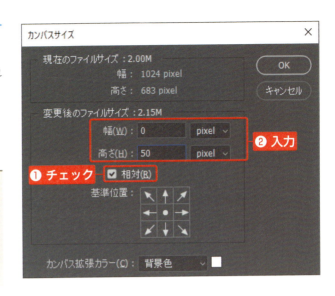

3 追加する方向を指定する

<基準位置>でカンバスを追加したい方向と逆のマス目をクリックし❶、カンバスサイズを追加する方向を指定します。

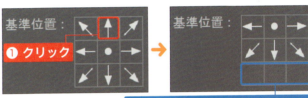

4 追加部分のカラーを指定する

<カンバス拡張カラー>の▼クリックして❶、追加領域を塗りつぶすカラー(「ここではホワイト」)を選択し❷、<OK>をクリックします❸。

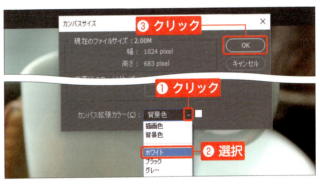

5 下部に領域が追加できた

画像下部に領域が追加され、カンバスサイズが大きくなりました。追加領域にテキストを入力する場合は、P.262を参照してください。

147

Section

54 足りない画像を自然に伸ばす

キーワード
- コンテンツに応じた拡大・縮小
- カンバス
- 保護

＜コンテンツに応じた拡大・縮小＞機能を使うと、サイズが少し足りない画像を自然に伸ばすことができます。画像を伸ばす際に、元画像が不自然にならないように、保護領域を作るのがポイントです。

| BEFORE もう少し横長の画像にしたい！ | AFTER 画像を自然に伸ばして横長にできた |

→

コンテンツに応じた拡大・縮小で画像を伸ばす

1 横長のカンバスを作る

ここでは、最終的に横長の画像にしたいので、P.146を参考にカンバスを追加し、幅に「300pixel」を設定して、横長のカンバスを作ります。

Hint 目標サイズがある場合

具体的な数値が決まった目標サイズがある場合、現在のカンバスサイズに対して、サイズを正確に追加し、準備します。

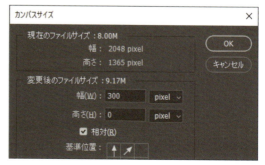

Chapter 6 レタッチで画像をきれいにしよう

2 保護領域を作る

画像を伸ばした際に、元画像が不自然にならないように、保護したい領域の選択範囲をおおまかに作ります。ここでは＜なげなわ＞ツールを使って、トマトの周囲を選択しています❶。

3 保護領域を保存する

メニューバーから＜選択範囲＞をクリックし❶、＜選択範囲を保存＞をクリックします❷。ダイアログボックスが表示されたら選択範囲の名前を入力（ここでは「tomato」）し❸、＜OK＞をクリックして❹、選択範囲を保存します。

Hint アルファチャンネル

選択範囲を保存すると、アルファチャンネルとして保存されます。詳しくはP.95を参照してください。

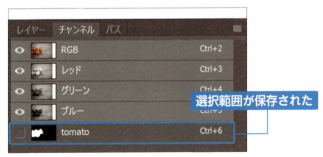

4 画像を伸ばす

背景レイヤーを通常のレイヤーに変換し（P.107）、選択します。メニューバーの＜編集＞をクリックし❶、＜コンテンツに応じて拡大・縮小＞をクリックして❷、編集モードにします。

5 保護領域を指定し、画像を伸ばす

オプションバーの<保護>で、手順3で保存したアルファチャンネルを選択します❶。ハンドルをドラッグして画像を伸ばし❷、○をクリックして❸、確定します。

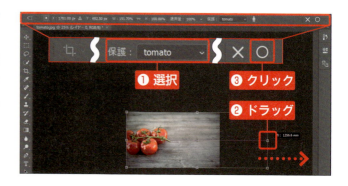

6 画像が伸びた

手順5で指定した保護領域以外の部分が自然な形で伸ばされ、カンバスの余白が埋まりました。

Hint 保護領域を指定しないとどうなるか

<コンテンツに応じて拡大・縮小>は、画像内の重要なコンテンツを変更することなく、画像のサイズを変更できます。画像の横幅が足りない場合など、手軽に横長の画像にできる便利な機能です。バウンディングボックス(P.127)や自由変形(P.180)などの拡大・縮小機能で画像のサイズを変更すると、すべてのピクセルが均一に変更されるのに対し、<コンテンツに応じた拡大・縮小>では重要なコンテンツではない領域のピクセルが重点的に変更されます。

ここでは、手順3で作成したアルファチャンネルを手順5で保護領域として指定しましたが、保護領域を指定せずに<コンテンツに応じて拡大・縮小>を適用すると、右図下のように、トマトも横長になり、重要なコンテンツにも影響が及びます。そのため、画像内の重要なコンテンツは、あらかじめ保護領域として指定したほうが、仕上がりがよくなります。

<コンテンツに応じる>は、<パッチ>ツール(P.140)や<塗りつぶし>コマンド(P.157)などのさまざまな機能においても、オプションとして用意されており、周辺領域の内容(コンテンツ)を合成して、自然に仕上げる機能です。あわせて覚えておきましょう。

Chapter 7

画像合成で
作品に仕上げよう

ここでは、画像合成について確認します。6種類のレイヤーを組み合わせて画像合成します。マスクや描画モードの機能を組み合わせると、より複雑な画像合成を実現できます。

Section 55 画像の一部を隠して自然に合成する

キーワード
- レイヤーマスク
- ブラシツール
- 境界線をぼかす

レイヤーマスクを使うと、画像の一部を隠すことができます。レイヤーマスクは、グレースケール（白・黒・グレー）で編集します。白=見える、黒=隠す、グレー=半透明、という結果になります。

BEFORE スプーンがカップにが入っていない

AFTER スプーンがカップに入った！

2つの画像を重ねる

1 スプーンの選択範囲を作る

スプーンの画像を開きます。＜自動選択＞ツール（P.104）や＜選択範囲を反転＞（P.106）を使って、スプーンの選択範囲を作成します。

2 境界線をぼかす

メニューバーの<選択範囲>をクリックし❶、<選択範囲を変更>→<境界をぼかす>をクリックします❷。<境界をぼかす>ダイアログボックスの<ぼかしの半径>に数値（ここでは「1」）を入力し❸、<OK>をクリックします❹。

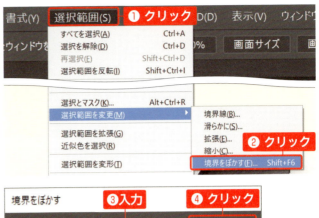

> **Hint 境界線をぼかす**
>
> 作成した選択範囲の境界線をわずかにぼかすことで、コピー＆ペーストした際に、より自然な仕上がりになります。

3 選択範囲をコピーする

メニューバーの<編集>メニューをクリックし❶、<コピー>をクリックして❷、選択範囲をコピーします。コピー後は、スプーンの画像を閉じてもかまいません。

4 選択範囲をペーストする

カップの画像を開きます。メニューバーの<編集>をクリックし❶、<ペースト>をクリックして❷、選択範囲をペーストします。

5 2つの画像が重なった

カップの画像の上に、スプーンの画像を重ねることができました。<レイヤー>パネルを確認すると、ベースとなるカップの画像が背景レイヤーにあたり、コピー＆ペーストしたスプーンの画像が、<レイヤー1>として重なっています。

6 上のレイヤー名を変える

スプーンの画像にあたる<レイヤー1>の名前の上をダブルクリックして編集モードにし❶、レイヤー名(ここでは「spoon」)を入力して❷、Enterキーを押して確定します。

7 スプーンを整える

P.126を参考に、<移動>ツールをクリックし、オプションバーの<バウンディングボックスを表示>をクリックしてチェックを入れます。バウンディングボックスを使って、スプーンのサイズや角度を整え、おおよそカップに入っているように配置します。最後にオプションバーの◯をクリックして変更を確定し、バウンディングボックスのチェックを外しておきます。

レイヤーマスクを使って、画像の一部を隠す

1 レイヤーマスクを追加する

<spoon>レイヤーを選択した状態で<レイヤーマスクを追加>◻をクリックし❶、レイヤーマスクを追加します。

2 レイヤーマスクが追加された

<spoon>レイヤーにレイヤーマスクが追加されました。追加直後は、レイヤーマスクは白で、画像の見え方は変わりません。

Hint レイヤーマスク付きのレイヤー

6種類のレイヤーのうち、調整レイヤー（P.59）と塗りつぶしレイヤー（P.170）は、レイヤーマスクがはじめから付いているので、あらためて追加する必要はありません。レイヤーマスクの編集方法は同様です。

3 ブラシツールを選択する

ツールパネルより<ブラシ>ツール（P.216）をクリックし❶、オプションバーでブラシサイズ等を設定します❷。また、描画色（P.208）は<黒>に設定します❸。背景色はそのままでかまいません。

ブラシの種類	ハード円ブラシ
直径	50px
不透明度	100%
流量	100%
描画色	黒

4 隠したい部分をドラッグする

隠したい部分をドラッグして❶、レイヤーマスクを「黒」で編集します。ここではスプーンの先端の皿状の部分をドラッグします。

Hint レイヤーマスクを必ず選択する

レイヤーマスクを追加後は、レイヤーマスクが選択されており、サムネールは白い太枠が付いた表示になっています。レイヤーマスクを編集するときは、選択されていることを確認しましょう。

Chapter 7 画像合成で作品に仕上げよう

155

5 画像の見え方が変わった

レイヤーマスクを編集したことで、画像の見え方が変わりました。黒で塗った部分は隠れ、カップにスプーンが入っているように見えます。

Hint 画像を隠し過ぎてしまったら？

レイヤーマスクを＜黒＞で塗ると、画像の一部を隠すことができます。逆に、隠し過ぎてしまったら、＜白＞で塗れば、隠れた部分が見えるようになります。

StepUp レイヤーマスクだけを表示する／一時的にレイヤーマスクを無効にする

レイヤーマスクだけを表示する場合は、レイヤーマスクのサムネールを[Alt]([option])キーを押しながらクリックします。元の表示に戻すには、再度レイヤーマスクのサムネールを[Alt]([option])キーを押しながらクリックします。
また、一時的にレイヤーマスクを無効にするには、レイヤーマスクのサムネールを[Shift]キーを押しながらクリックします。
元の表示に戻すには、再度レイヤーマスクのサムネールを[Shift]キーを押しながらクリックします。

レイヤーマスクの編集をやり直す

1 塗りつぶしコマンドを選択する

メニューバーの<編集>をクリックし❶、<塗りつぶし>をクリックします❷。

2 塗りつぶしの色を指定する

<塗りつぶし>ダイアログボックスが表示されます。<内容>の▼をクリックして❶、<ホワイト>を選択します❷。選択したら再度▼をクリックしてリストを閉じ、<OK>をクリックします❸。

Hint ブラック・50%グレー・ホワイト

<内容>でブラックを選択すると、レイヤーマスクが黒で塗りつぶされ、レイヤーの画像は隠れます。ホワイトを選択すると、白で塗りつぶされ、レイヤーの画像はすべて見えます。これにより、すばやくレイヤーマスクを追加直後に戻せます。50%グレーを選択すると、グレーで塗りつぶされ、レイヤーの画像は半透明になります。

3 レイヤーマスク追加直後の状態に戻った

レイヤーマスクがすべて白で塗りつぶされ、レイヤーマスクを追加した直後の状態に戻りました。レイヤーマスクの編集をやり直したい場合に便利です。

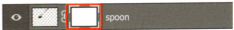

Section

56 2つの画像を重ねる

キーワード
▶ レイヤーマスク
▶ グラデーションツール
▶ グラデーションピッカー

前述のように、レイヤーマスクは、画像の一部を隠す機能で、グレースケール（白・黒・グレー）で編集します。ここでは、＜グラデーション＞ツールを使ってレイヤーマスクを編集し、背景が透けて見える画像を作ります。

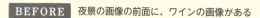

BEFORE 夜景の画像の前面に、ワインの画像がある

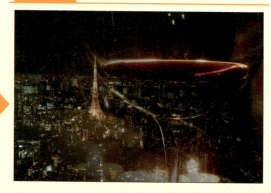
AFTER レイヤーマスクを使って合成！

2つの画像を重ねる

1 ワインの画像をすべて選択する

ワインの画像を開きます。メニューバーの＜選択範囲＞をクリックし❶、＜すべてを選択＞をクリックして❷、画像のすべてを選択します。

すべて選択できた

2 選択範囲をコピーする

メニューバーの<編集>をクリックし❶、<コピー>をクリックして❷、選択範囲をコピーします。コピー後は、ワインの画像は閉じてもかまいません。

3 選択範囲をペーストする

夜景の画像を開きます。メニューバーの<編集>をクリックし❶、<ペースト>をクリックして❷、選択範囲をペーストします。

4 2つの画像が重なった

夜景の画像の上に、ワインの画像を重ねることができました。<レイヤー>パネルを確認すると、ベースとなる夜景の画像が背景レイヤーにあたり、コピー&ペーストしたワインの画像が、<レイヤー1>として重なっているため、下の夜景の画像は、隠れて見えません。

5 上のレイヤー名を変える

ワインの画像にあたる<レイヤー1>の名前の上をダブルクリックして❶、編集モードにし、レイヤー名(ここでは「wine」)を入力して❷、Enterキーを押して確定します。

レイヤーマスクを使って、見え方を変える

1 レイヤーマスクを追加する

<wine>レイヤーを選択した状態で、<レイヤーマスクを追加> ロ をクリックし❶、レイヤーマスクを追加します。

2 レイヤーマスクが追加された

<wine>レイヤーにレイヤーマスクが追加されました。追加直後は、レイヤーマスクは白で、画像の見え方は変わりません。

3 グラデーションツールを選択する

ツールパネルから<グラデーション>ツールをクリックします❶。

4 グラデーションを選択する

オプションバーの ˇ をクリックして❶、グラデーションピッカーを開き、<黒、白>のグラデーションをクリックします❷。選択後、ˇ をクリックして閉じます。

5 画像の上をドラッグする

画像の上を左下から右上へドラッグして❶、レイヤーマスクをグラデーションで編集します。

> **Hint グラデーションツールによる編集**
>
> レイヤーマスクを<グラデーション>ツールで<黒、白>のグラデーションで編集すると、黒と白の中間にグレーを含むため、半透明の表現ができます。

6 画像の見え方が変わった

レイヤーマスクを編集したことで、画像の見え方が変わりました。

> **Hint レイヤーマスクを見てみよう**
>
> ここでは、<黒、白>のグラデーションを使って、左下から右上にドラッグしたので、レイヤーマスクを黒（隠す）〜グレー（半透明）〜白（見える）で編集したことになります。

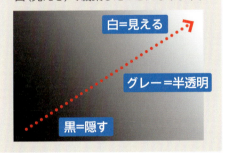

StepUp いろんな向きにドラッグしてみよう

グラデーションは、ドラッグする向きやドラッグの開始位置によって、画像の見え方が変化します。レイヤーマスクの編集は上書きできるので、何度か試して、仕上がりの違いを見てみましょう。

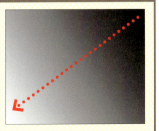

Section 57 選択範囲内へ別の画像を差し込む

キーワード
- レイヤーマスク
- 選択範囲内へペースト
- レイヤーへのリンク

＜選択範囲内へペースト＞を使うと、事前に作成した選択範囲内へ、コピーした画像をペーストできます。ペーストしてできる画像レイヤーには、選択範囲を使ったレイヤーマスクが付いています。

BEFORE 窓から見える風景を変えてみたい

AFTER 窓から見える風景が変わった！

画像を差し込みたい範囲を選択する

1 風景の画像をコピーする

風景の画像を開きます。P.158を参考に、すべて選択し、コピーします。コピー後は、風景の画像は閉じてもかまいません。

すべて選択する

選択範囲内に画像を差し込む

1 窓の風景部分に選択範囲を作る

部屋の画像を開きます。＜多角形選択＞ツールを(P.100)使って、窓の風景の部分に選択範囲を作成します❶。

2 選択範囲内へペーストする

メニューバーの＜編集＞をクリックし❶、＜特殊ペースト＞→＜選択範囲内へペースト＞をクリックして❷、風景の画像を選択範囲内へペーストします。

3 選択範囲内へペーストされた

手順1で作成した選択範囲内へ風景画像が差し込まれ、風景が変わりました。＜レイヤー＞パネルには、レイヤーマスク付きの画像レイヤーができています。

Hint 選択範囲内へペーストのしくみ

ペースト系の機能の中で、＜ペースト＞では、通常の画像レイヤーが作成されるのに対し、＜特殊ペースト＞の＜選択範囲内へペースト＞は、レイヤーマスク付きの画像レイヤーが作成されます。＜選択範囲内へペースト＞によりできたレイヤーマスクは、選択範囲が白、選択範囲外が黒になっていることがわかります。

差し込んだ画像を調整する

1 バウンディングボックスを表示する

ツールパネルから＜移動＞ツールをクリックし❶、オプションバーの＜バウンディングボックスを表示＞にチェックを入れ❷、バウンディングボックスを表示します。

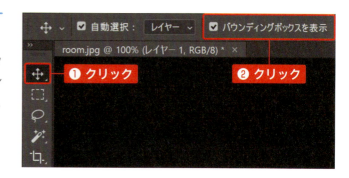

2 画像のサムネールを選択する

画像のサムネールが選択されている（白い太枠表示）になっていることを確認します。

3 画像のサイズを調整する

バウンディングボックス（P.127）のコーナーハンドルをドラッグして❶、画像を好みのサイズに調整します。

4 画像の位置を調整する

画像の上をドラッグすると❶、マスク領域内（選択範囲内）で画像の位置を調整できます。

5 変形を確定する

オプションバーの◯をクリックして❶、変形を確定します。確定後は、＜バウンディングボックスを表示＞のチェックを外しておきましょう。

6 窓から見える風景が変わった

変更が確定し、窓から見える風景が変わりました。調整をやり直したいときは、＜移動＞ツールをクリックして＜バウンディングボックスを表示＞にチェックを入れると、サイズや位置を再調整できます。

StepUp 画像とレイヤーマスクのリンクをON／OFFする

＜選択範囲内へペースト＞を使って、ペーストと同時にできるレイヤーマスクは、マスク領域内（選択範囲内）で画像のサイズや位置を調整することができるよう、画像とレイヤーマスクのリンクは解除されています。そのため、マスクの位置は固定したままで、画像のみを個別に動かせます。
それに対し、後からレイヤーマスクを追加した場合（P.154）は、画像とレイヤーマスクはリンクされています。そのため、画像とマスクは一緒に動きます。
画像とレイヤーマスクの間▌をクリックすると、リンクのON▐とOFFを切り替えることができます。

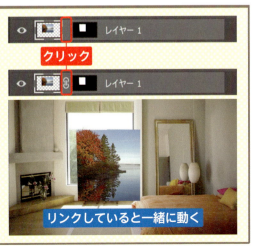

Section 58 丸や四角などの図形で画像をくり抜く

キーワード
- ベクトルマスク
- パス
- 楕円形ツール

＜ベクトルマスク＞は、パスを利用して輪郭がはっきりした形で画像をくり抜く機能です。パスでマスクを編集することで、画像の一部を、型抜きするような表現ができます。

ベクトルマスクを追加する

1 ベクトルマスクを追加する

図形でくり抜きたい画像のレイヤーを選択した状態で、[Ctrl]([command])キーを押しながら、＜ベクトルマスクを追加＞ をクリックし❶、ベクトルマスクを追加します。

Hint レイヤーマスクとベクトルマスクの違い

レイヤーマスクは、マスク領域をグレースケールで編集して、画像の見え方を変える機能です(P.154)。それに対し、ベクトルマスクは、マスク領域をパスで編集して、画像の見え方を変えます。

❶クリック

2 ベクトルマスクを追加できた

図形でくり抜きたい画像のレイヤーに、ベクトルマスクを追加できました。追加直後は、ベクトルマスクは白で、画像の見え方は変わりません。

ベクトルマスクが追加された

マスク領域に、くり抜き用の図形（パス）を作成する

1 シェイプツールを選択する

ツールパネルから＜長方形＞ツールを長押しし❶、＜楕円形＞ツールをクリックします❷。オプションバーの＜ツールモード＞で＜パス＞を選択します❸。

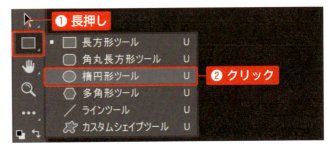

2 マスク領域にパスを作成する

ベクトルマスクが選択された状態で、ドラッグし❶、パスを作成します。

3 パスで画像がくり抜かれた

マスク領域に作成したパスの形に、画像がくり抜かれました。マスク領域を確認すると、パス部分が白、それ以外がグレーで表示されていることがわかります。パスの外はマスクされる（隠れる）ため、下のレイヤー（ここではパターンの塗りつぶし）の内容が見えます。

Hint パスの選択・移動

描画したパスの選択や移動には、＜パスコンポーネント選択＞ツールを使います。パスの操作については、P.231を参照してください。

図形で画像がくり抜かれた

Section

59 画像や補正内容を直下のレイヤーのみに適用する

キーワード
▶ クリッピングマスク
▶ テキストレイヤー
▶ 調整レイヤー

＜クリッピングマスク＞を使うと、上のレイヤーの内容を、直下のレイヤーのみに適用できます。上の画像を、直下の文字の形にくり抜いたり、上の調整レイヤーの補正内容を、直下の画像のみに適用することができます。

クリッピングマスクを使って、文字の中に画像を入れる

1 クリッピングマスクを作成する

上が画像レイヤー、下がテキストレイヤーの構造のファイルを用意します。上のレイヤーを選択した状態で、メニューバーの＜レイヤー＞をクリックし❶、＜クリッピングマスクを作成＞をクリックします❷。

Memo ここでのレイヤー構造

ここでは、画像レイヤーが最上段に配置されているため、画像を開いた直後は下のレイヤーがすべて画像の下に隠れています。

2 文字の中に画像が入った

上の画像が、下の文字（テキストレイヤー）の形にくり抜かれました。上のレイヤーには、クリッピングマスクを表すアイコン が付きます。

Hint 画像の位置を変える

＜移動＞ツールで画像レイヤーをドラッグすると、文字の中に入る画像の位置を調整できます。

Chapter 7 画像合成で作品に仕上げよう

クリッピングマスクを使って、補正を直下の画像のみに適用する

1 上のレイヤーを選択する

上が調整レイヤー、下が画像レイヤーの構造のファイルを用意し、上の調整レイヤーを選択します❶。

Memo ここでのレイヤー構造

ここでは、ピンクの花を黄色くするために調整レイヤーで色相を変えていますが、背景レイヤーにも調整が適用されています。

調整レイヤーの内容が以下のすべての画像に影響している

2 クリッピングマスクを作成する

メニューバーの＜レイヤー＞をクリックし❶、＜クリッピングマスクを作成＞をクリックします❷。

3 直下の画像だけ色が変わった

上の調整レイヤーの影響が、下の画像レイヤーのみに適用され、背景レイヤーの色が元の画像の色に戻りました。上のレイヤーには、クリッピングマスクを表すアイコン ⤓ が付きます。

下向きの矢印が付く

Hint クリッピングマスクを解除する

クリッピングマスクを解除するには、上のレイヤーを選択し、メニューバーの＜レイヤー＞をクリックし、＜クリッピングマスクを解除＞をクリックします。

背景レイヤーの色が元に戻った

Chapter 7 画像合成で作品に仕上げよう

Section

60 塗りつぶしを作成する

キーワード
- 塗りつぶしレイヤー
- べた塗り
- カラーピッカー

塗りつぶしレイヤーを使うと、塗りの背景を作ったり、画像にかぶせることができます。べた塗り、グラデーション、パターン（模様）の3種類があり、塗りつぶしのカラーを変更したり、非表示にしたり、削除できます。

塗りつぶしレイヤー（べた塗り）を作成する

1 塗りつぶしレイヤーを作成する

＜レイヤー＞パネル下部の＜塗りつぶしまたは調整レイヤーを新規作成＞ボタン■をクリックし❶、＜べた塗り＞をクリックします❷。

Hint 塗りつぶしレイヤーの作成

塗りつぶしレイヤーを作成するには、調整レイヤーを作成するときに使用する＜塗りつぶしまたは調整レイヤーを新規作成＞ボタン■を使用します。上から3つ目まで（べた塗り、グラデーション、パターン）が、塗りつぶしレイヤーになります。

2 色を設定する

選択した塗りつぶしの種類に応じて、ダイアログボックスが表示されます。内容に応じてカラーを設定し❶、＜OK＞をクリックします❷。

Hint べた塗りのカラー

＜カラーピッカー＞ダイアログボックスの設定については、P.214を参照してください。

塗りつぶしレイヤーができた

3 画像が塗りつぶされた

ダイアログボックスの設定に応じて、画像が塗りつぶされました。

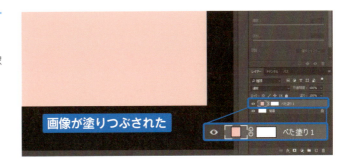

塗りつぶしを変更する

1 塗りつぶしを変更する

塗りつぶしレイヤーの左のサムネールをダブルクリックし❶、塗りつぶしのダイアログボックスを再表示して、塗りつぶしの設定を変更します❷。

2 塗りつぶしを変更できた

ダイアログボックスの設定に応じて、塗りつぶしを変更できました。

StepUp 3種類の塗りつぶし

塗りつぶしレイヤーとは、同一の色やパターンなどで塗られたレイヤーに、レイヤーマスクをかけたものです。例えば画像の一部を塗りつぶしたいときなどは、背景レイヤーの上に塗りつぶしレイヤーを重ねて、塗りつぶしたくない部分をレイヤーマスクで調整すれば（P.154）、あとから簡単に修正できるので便利です。

塗りつぶしレイヤーには、べた塗り、グラデーション、パターンの3種類があります。ここでは、べた塗りで解説しましたが、同様に、グラデーションやパターンでも塗りつぶすことができます。塗りつぶしの各ダイアログボックスの設定については、グラデーションはP.222、パターンはP.255を参照してください。

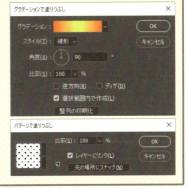

Section 61 描画モードを活用して画像にさまざまな効果を加える

キーワード
- 描画モード
- 基本色
- 合成色

＜描画モード＞とは、重なり合うレイヤーの合成方法です。下のレイヤーの色を＜基本色＞、上のレイヤーの色を＜合成色＞、合成の結果の色を＜結果色＞といいます。思いがけずユニークなビジュアルが生まれる機能です。

描画モードスクリーンで幻想的な風景を作る

1 描画モードをスクリーンにする

2つのレイヤーが重なった画像があります。上のレイヤーを選択し❶、＜レイヤー＞パネルから描画モードの▼をクリックして❷、＜スクリーン＞をクリックします❸。

Hint 通常は合成していない状態

初期設定値の描画モードは＜通常＞になっており、重なり合うレイヤーが合成されていないことを表します。

2 重なり合うレイヤーが合成された

重なり合うレイヤーが合成されました。ここでは、＜スクリーン＞を選択したことで、上のレイヤーの黒い部分が無視され（影響を与えない）、夜景に霧がかかったようなビジュアルになりました。

Hint スクリーンとは

＜スクリーン＞の中性色（P.174）は、＜黒＞なので、合成色（上のレイヤー）の黒い部分は無視され、なくなったように見えます。

描画モードを乗算でノートにサインしたように合成する

1 描画モードを乗算にする

2つのレイヤーが重なった画像があります。上のレイヤーを選択し❶、＜レイヤー＞パネルから描画モードの⚫をクリックして❷、＜乗算＞をクリックします❸。

2 重なり合うレイヤーが合成された

重なり合うレイヤーが合成されました。ここでは、＜乗算＞を選択したことで、上のレイヤーの白い部分が無視され（影響を与えない）、ノートにサインしたようなビジュアルになりました。

Hint 乗算とは

＜乗算＞の中性色（P.174）は、＜白＞なので、合成色（上のレイヤー）の白い部分は無視され、なくなったように見えます。＜スクリーン＞の反対といえます。

Memo 描画モードとは

描画モードとは、上にあるレイヤーが下のレイヤーに対してどのように合成されるかを設定するための機能です。初期設定では＜通常＞に設定されています。これは、2つのレイヤーがただ重なっているだけの状態です。描画モードを変更することで、上のレイヤーの一部が無視され（下のレイヤーに影響を与えない消えた状態になり）、さまざまな効果を生み出します。
描画モードにはたくさんの種類があり、すべてを覚えて使いこなすのは難しいかもしれません（次ページを参照）。まずはいろいろな合成を試しながら、思いがけず生まれるビジュアルを楽しむとよいでしょう。

Chapter 7 画像合成で作品に仕上げよう

描画モードに関する4つの色と、中性色の種類

描画モードにはたくさんの種類がありますが、描画モードに関する4つの色（合成色・基本色・結果色・中性色）と、中性色の種類を把握しておくと、描画モードを選択するときの目安になります。以下に各色についての簡単な解説と、主な描画モードの見本をまとめたので、参考にしてください。

描画モードに関する4つの色

合成色	上のレイヤー（描画モードを変更するレイヤー）の色
基本色	下のレイヤーの色
結果色	合成の結果の色
中性色	描画モードの変更時に、下のレイヤーに影響を与えない色（無視される色）。描画モードの種類によって異なる（下表参照）

中性色の種類

なし	通常、ディザ合成、色相、彩度、カラー、輝度、ハードミックス
ホワイト	比較（暗）、乗算、焼き込みカラー、焼き込み（リニア）、カラー比較（暗）、除算
ブラック	比較（明）、スクリーン、覆い焼きカラー、覆い焼き（リニア）-加算、カラー比較（明）、差の絶対値、除外、減算
50%グレー	オーバーレイ、ソフトライト、ハードライト、ビビッドライト、リニアライト、ピンライト

さまざまな描画モード

元画像のレイヤー構造

合成色（上のレイヤー）

基本色（下のレイヤー）

通常（初期設定）

ディザ合成

比較（暗）

乗算

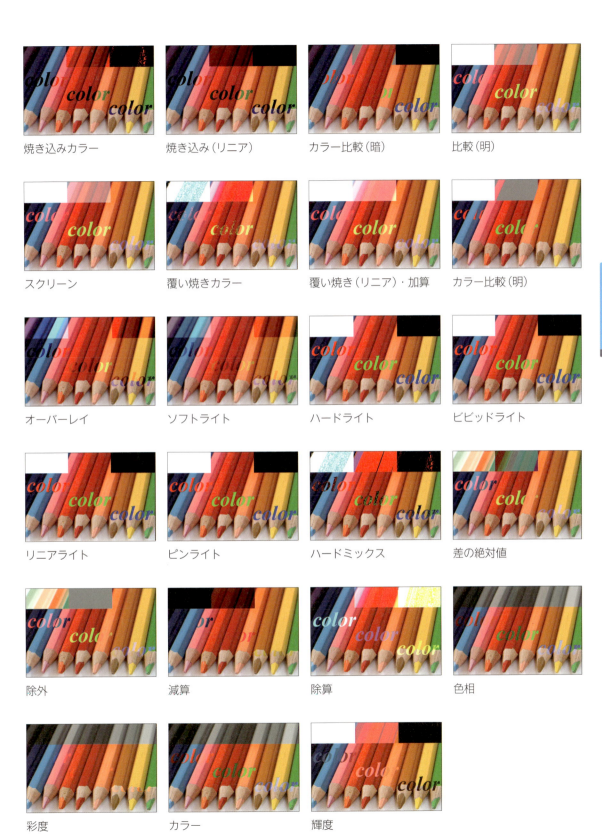

Section

62 デザイン案を比較する

キーワード
- レイヤーカンプパネル
- デザイン案
- カンプ

1つのファイルに、レイヤーを組み合わせた複数のデザイン案を作成しても、＜レイヤーカンプ＞の機能を使うと、簡単にデザイン案を比較できます。カンプは、「カンプリヘンシブ・レイアウト（Comprehensive Layout）」の略です。

Chapter 7 画像合成で作品に仕上げよう

A案

B案

レイヤーカンプパネルを使って、デザイン案を比較する

1 レイヤーカンプパネルを表示する

メニューバーの＜ウィンドウ＞をクリックし❶、＜レイヤーカンプ＞をクリックしてチェックを入れ❷、＜レイヤーカンプ＞パネルを表示します。
ここで扱うサンプル画像には、あらかじめ2つのデザイン案を作成しています。＜レイヤーカンプ＞パネルには、上記のA案とB案があり、現在はA案が表示されていることがわかります。

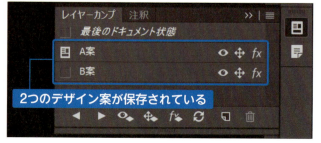

2 デザイン案を比較する

<レイヤーカンプ>パネルの各デザイン案の左横の<レイヤーカンプ>■をクリックして■の表示にすると❶、すばやく切り替えることができます。<レイヤー>パネルでは、デザイン案に対応するレイヤー構造に自動的に切り替わります。

StepUp レイヤーカンプを作成する

ここでは、あらかじめ用意したレイヤーカンプの切り替え方について解説しましたが、新規のレイヤーカンプを作成することもできます。

レイヤーカンプを作成するには、ビジュアルを構成するレイヤーを整理後、<新規レイヤーカンプを作成>■をクリックし❶、表示される<新規レイヤーカンプ>ダイアログボックスで、<レイヤーカンプ名>にカンプ名を入力し❷、<OK>をクリックします❸。

レイヤーカンプには、レイヤーの状態以外に、レイヤーに含まれるオブジェクトの位置や、レイヤースタイル(P.196)も保存することができます。

また、レイヤーカンプ作成後に、デザインに変更があった場合、レイヤーカンプ名の左横の<レイヤーカンプ>■は非表示になり、<レイヤーカンプを更新>■をクリックして❹、更新する必要があります。

作成したレイヤーカンプは、ファイル内に保存されるので、いつでもファイルを開いて切り替えることができます。ぜひ活用してみてください。

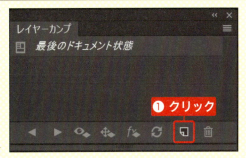

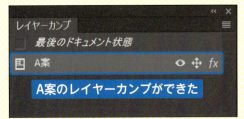

Section

63 画像を配置する

キーワード
- スマートオブジェクト
- 埋め込みを配置
- スマートオブジェクトの編集

＜埋め込みを配置＞コマンドで配置した画像は、スマートオブジェクトレイヤーとして取り込まれます。スマートオブジェクトとは、元情報を保持した特殊なレイヤーで、画像を劣化することなく、あとから柔軟にやり直しができます。

埋め込みを配置コマンドで画像を配置する

1 埋め込みを配置する

メニューバーの＜ファイル＞をクリックし❶、＜埋め込みを配置＞をクリックします❷。

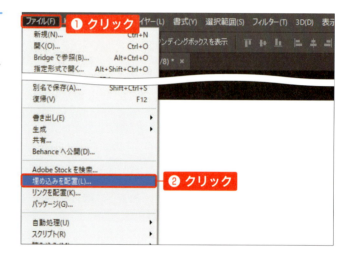

2 画像を選択する

＜埋め込みを配置＞ダイアログボックスが表示されるので、配置したい画像をクリックし❶、＜配置＞をクリックします❷。

Hint リンクと埋め込みの違い

＜リンクを配置＞を選択すると、配置先と配置元の画像がリンクされるため、リンク元の画像を変更すると、配置先の画像も変更されます。＜埋め込みを配置＞を選択すると、配置画像は、配置先の画像に埋め込まれます。

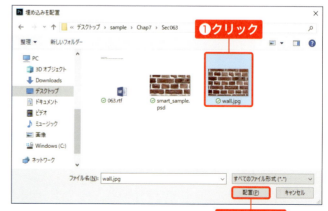

Chapter 7 画像合成で作品に仕上げよう

3 画像が仮配置された

画像が仮配置（画像内に×が表示される）されました。画像は配置先のカンバスサイズに応じて自動調整されますが、左右に余白ができてしまいました。

4 倍率を調整する

左右の余白がなくなるように、オプションバーで画像の倍率を調整します。＜縦横比を固定＞ボタン をクリックし❶、配置倍率を調整（ここでは「50%」と入力）して❷、 をクリックして❸、配置を確定します。

Hint 縦横比を固定する

オプションバーの＜縦横比を固定＞ をクリックして、＜W＞＜H＞のいずれかに数値を入力すると、もう片方も自動的に同じ倍率が入力されます。

5 画像の配置が確定した

画像が配置されました。＜レイヤー＞パネルを確認すると、配置元の画像のファイル名がレイヤー名として使用され、スマートオブジェクトであることを表すサムネールになっていることがわかります。

スマートオブジェクトを編集する

1 自由変形コマンドで変形する

メニューバーの＜編集＞をクリックし❶、＜自由変形＞をクリックします❷。

2 配置倍率を変更する

画像内に×が表示され、編集モードになりました。オプションバーを見ると、配置直後の配置倍率が残っていることがわかります。＜縦横比を固定＞ボタン ⬚ をクリックし❶、配置倍率を変更（ここでは「100%」と入力）し❷、○ をクリックして❸、配置を確定します。

Hint 変形情報が残る

スマートオブジェクトのメリットは、変形情報が残ることです。通常の画像レイヤーの場合、前回の変形情報が残らず、100%から再スタートになります。

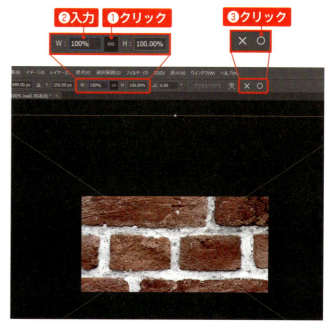

3 配置倍率を変更できた

配置倍率を変更できました。元のサイズ（100%）内であれば、変更しても画像の劣化がないため、サイズ変更にも柔軟に対応できます。

Chapter 8

フィルター・レイヤースタイルを上手に使おう

ここでは、特殊効果であるフィルターとレイヤースタイルについて確認します。画像をシャープにする、ソフトにするといった定番のフィルターや、絵画調にするフィルターなど、豊富に用意されています。また、レイヤースタイルを使うと、レイヤーに縁取り、影、立体感などのさまざまな効果を付与することができます。

Section 64 スマートフィルターを活用する

キーワード
- スマートフィルター
- スマートオブジェクト
- フィルターマスク

フィルターとは、画像をぼかしたりシャープにしたり、絵画調にしたりといった特殊効果のことです。フィルターを適用する前に、レイヤーをスマートオブジェクトに変換すると、後で修正しやすくなります。

スマートオブジェクトとスマートフィルターとは

フィルターと呼ばれる特殊効果を適用する前に、レイヤーをスマートオブジェクトに変換すると、フィルターの情報が残るため、修正がしやすいので便利です。**スマートオブジェクト**とは、元の画質を保持したまま編集できる**特殊なレイヤー**です。また、スマートオブジェクトに適用したフィルターを**スマートフィルター**といい、付随するマスクのことを**フィルターマスク**といいます。マスクの編集方法は、レイヤーマスク（P.154）と同様です。ここでの＜スマート＞とは、＜賢い＞といったニュアンスの用語なので、修正しやすい便利な機能であると覚えるとよいでしょう。

レイヤーをスマートオブジェクトに変換すると、サムネールがスマートオブジェクトの表示に変わる

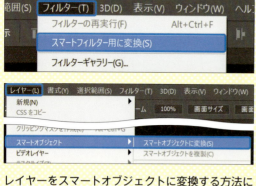
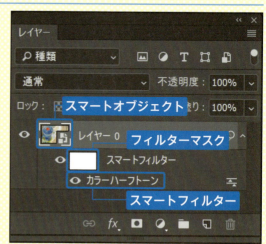

レイヤーをスマートオブジェクトに変換する方法には、メニューバーの＜フィルター＞→＜スマートフィルター用に変換＞をクリックする方法と、＜レイヤー＞→＜スマートオブジェクトに変換＞をクリックする方法があります。本書では、後者を使って変換します。また、＜埋め込みを配置＞コマンドを使って配置した画像のレイヤーは、初期設定でスマートオブジェクトレイヤーになります（P.178）。

レイヤーをスマートオブジェクトに変換し、フィルターを適用する

1 スマートオブジェクトに変換する

スマートオブジェクトに変換したいレイヤーをクリックし❶、メニューバーの＜フィルター＞をクリックして❷、＜スマートフィルター用に変換＞をクリックします❸。レイヤーがスマートオブジェクトに変換されるメッセージが表示されるので、＜OK＞をクリックします❹。

2 スマートオブジェクトに変換された

レイヤーがスマートオブジェクトに変換され、サムネールの表示が変わります。

3 フィルターを適用する

フィルターを適用すると（ここでは＜ピクセレート＞の＜カラーハーフトーン＞）、スマートオブジェクトレイヤーにスマートフィルターとして、フィルターの設定情報が残ります。フィルター名をダブルクリックすると、設定値を変更できます。

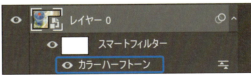

Hint カラーハーフトーン

カラーハーフトーンは、画像をCMYKの網点（ハーフトーン）に置き替えたような加工ができるフィルターです。メニューバーの＜フィルター＞をクリックし、＜ピクセレート＞→＜カラーハーフトーン＞をクリックすると、適用できます。

Section

65 画像をシャープにする

キーワード
- アンシャープマスク
- 半径
- しきい値

＜アンシャープマスク＞フィルターを使うと、画像をシャープにすることができます。画像にシャープをかけることで、すっきりとした印象になります。貴金属やメカニックなものは、シャープをかけると仕上がりがよくなります。

BEFORE もう少しすっきりした印象にしたい
AFTER シャープになりすっきりした印象に！

アンシャープマスクを適用する

1 スマートオブジェクトに変換する

P.183手順 1 〜 2 を参考に、フィルターを適用するレイヤーをスマートオブジェクトに変換します。

Hint スマートオブジェクトに変換しない場合

レイヤーをスマートオブジェクトに変換しなくても、フィルターは適用できますが、フィルターの情報は残らないので注意しましょう。本書では、フィルターを適用する際、スマートオブジェクトに変換しています。必要に応じて使い分けましょう。

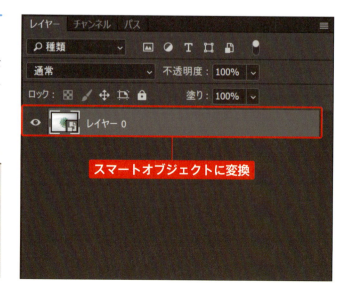

スマートオブジェクトに変換

2 アンシャープマスクを適用する

メニューバーの<フィルター>をクリックし❶、<シャープ>→<アンシャープマスク>をクリックします❷。

> **Hint アンシャープマスク**
> アンシャープマスクは、画像のエッジ沿いにコントラストを強調して、画像をシャープにします。

3 シャープの設定をする

<アンシャープマスク>ダイアログボックスが表示されるので、<量>でシャープの度合いを、<半径>でエッジピクセル周囲のピクセルをシャープにする範囲を、<しきい値>でシャープの対象となるエッジピクセルを判断するレベルを設定します❶。<プレビュー>にチェックを入れると❷、画面上で仕上がりをプレビューできるほか、プレビューウィンドウにカーソルを合わせると、手のひらのアイコンになるので、ドラッグして❸、細部を確認できます。確認後、<OK>をクリックします❹。

> **Hint 設定値の目安**
> 高解像度画像では、<量>は150～200%、<半径>は1～2で試してみましょう。<しきい値>は0で、シャープの適用範囲が画像全体になります。

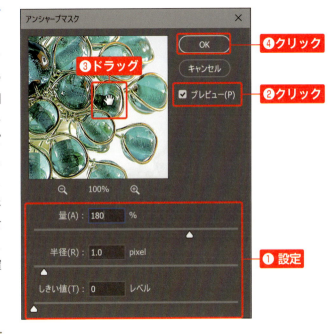

4 画像がシャープになった

画像がシャープになりました。レイヤーには、スマートフィルター<アンシャープマスク>が作成されます。フィルター名をダブルクリックすると、ダイアログボックスが表示され、設定を変更できます。

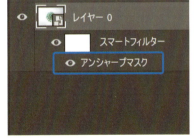

Section

66 画像をぼかして柔らかい印象にする

キーワード
- ぼかし
- ぼかし（ガウス）
- 半径

＜ぼかし（ガウス）＞フィルターを使うと、画像をぼかして柔らかい印象にすることができます。その他、Photoshopには、さまざまなぼかしの機能が用意されています。

BEFORE もう少し柔らかい印象にしたい

AFTER 柔らかい印象になった

ぼかし（ガウス）を適用する

1 スマートオブジェクトに変換する

P.183手順1～2を参考に、フィルターを適用するレイヤーをスマートオブジェクトに変換します。

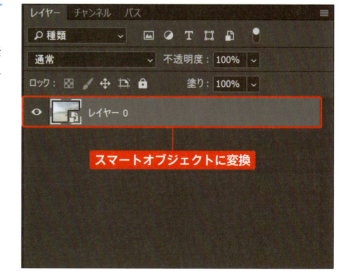

スマートオブジェクトに変換

Chapter 8 フィルター・レイヤースタイルを上手に使おう

2 ぼかし（ガウス）を適用する

メニューバーの<フィルター>をクリックし❶、<ぼかし>→<ぼかし（ガウス）>をクリックします❷。

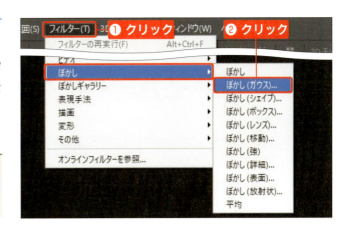

Hint ぼかし（ガウス）

ぼかし（ガウス）は、ピクセルを平均化してぼかす機能です。ぼかし機能の中でもよく使われるフィルターです。

3 ぼかしの設定をする

<ぼかし（ガウス）>ダイアログボックスが表示されるので、ぼかしの設定をします。<半径>でぼかしの度合いを設定します❶。<プレビュー>にチェックを入れると❷、画面上で仕上がりをプレビューできるほか、プレビューウィンドウにカーソルを合わせると、手のひらのアイコンになるので、ドラッグして❸、細部を確認することができます。確認後、<OK>をクリックします❹。

Hint プレビューウィンドウ

ダイアログボックスのプレビューウィンドウ内を長押しすると適用前の状態、マウスを放すと適用後の状態をプレビューできます。アンシャープマスク（P.184）でも同様にできます。

4 画像がぼけて柔らかい印象になった

画像がぼけて柔らかい印象になりました。レイヤーには、スマートフィルター<ぼかし（ガウス）>が作成されます。フィルター名をダブルクリックすると、ダイアログが表示され、設定を変更できます。

Section

67 画像の一部にフィルターをかける

キーワード
- スマートフィルター
- スマートオブジェクト
- フィルターマスク

フィルターマスクを使うと、フィルターの適用範囲を調整することができます。マスクの編集方法は、レイヤーマスク（P.154）と同様で、グレースケール（白・黒・グレー）で編集します。

BEFORE 画像全体がぼけている

AFTER 画像の一部のみぼかさないように調整した

フィルターマスクを編集する

1 フィルターを適用する

P.183手順1～2を参考に、フィルターを適用するレイヤーをスマートオブジェクトに変換後、フィルター（ここでは＜ぼかし（ガウス）＞）を適用します（P.187）。現状、画像全体にフィルターが適用されています。

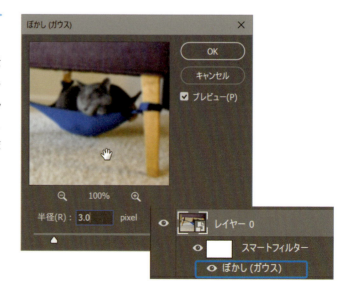

2 ブラシの設定をする

フィルターマスクをクリックして選択します❶。ツールパネルから<ブラシ>ツールをクリックし❷、描画色(P.28)を<黒>に設定します❸。

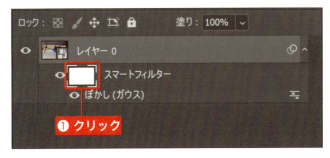

Hint フィルターマスクの編集

フィルターマスクの編集方法は、レイヤーマスク(P.154)と同様です。描画色が<黒>の場合、フィルターを適用しない、<白>の場合、フィルターを適用する、<グレー>の場合、適用度合いがグレーの濃度によって変わります。

3 マスクを編集する

フィルターを適用したくない箇所(ここではぼかしたくない箇所)をドラッグすると❶、フィルターを適用しない(フィルターの適用を隠す)ことになります。

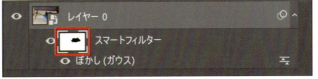

4 フィルターの適用範囲を調整できた

フィルターマスクを調整したことで、フィルターの適用範囲が変わりました。

Section 68 フィルターギャラリーを活用する

キーワード
- フィルターギャラリー
- スマートフィルター
- スマートオブジェクト

フィルターギャラリーは、さまざまなフィルターがギャラリー形式でまとめられたウィンドウです。カテゴリ別に豊富なフィルターが用意されているので、手軽に絵画調などの加工ができます。

BEFORE 何気ない写真

AFTER 絵画調に変わった！

フィルターギャラリーのフィルターを適用する

1 フィルターギャラリーを表示する

P.183を参考に、フィルターを適用するレイヤーをスマートオブジェクトに変換し❶、メニューバーの＜フィルター＞をクリックし❷、＜フィルターギャラリー＞をクリックします❸。

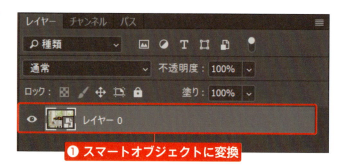
❶ スマートオブジェクトに変換

2 フィルターギャラリーが表示された

フィルターギャラリーが表示されました。中央にカテゴリ別にフィルターが表示されます。フォルダ（ここでは＜アーティスティック＞）左横の▶をクリックすると展開されるので❶、表示されるフィルター（ここでは＜塗料＞）をクリックして❷、必要に応じて詳細な設定をし❸、＜OK＞をクリックします❹。

フィルターの種類	塗料
ブラシサイズ	8
シャープ	7
ブラシの種類	シンプル

Hint フィルターの詳細設定

フィルターの詳細設定は、選択したフィルターによって表示が変わります。

3 フィルターが適用された

フィルターが適用されました。＜レイヤー＞パネルのフィルター名をダブルクリックすると、フィルターギャラリーを表示して、設定を変更することができます。

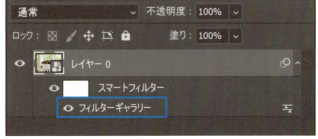

フィルターギャラリー一覧

■アーティスティック（15種類）　芸術技法を使って画像を絵画調に加工する

エッジのポスタリゼーション

カットアウト

こする

スポンジ

ドライブラシ

ネオン光彩

パレットナイフ

フレスコ

ラップ

色鉛筆

水彩画

粗いパステル画

粗描き

塗料

粒状フィルム

■スケッチ（14種類）　絵画調にしたり、3D効果を加えたりする

ウォーターペーパー

ぎざぎざのエッジ

グラフィックペン

クレヨンのコンテ画

クロム

コピー

スタンプ

チョーク・木炭画

ちりめんじわ

ノート用紙

ハーフトーンパターン

プラスター

浅浮彫り

木炭画

■テクスチャ（6種類）　素材感を出す

クラッキング

ステンドグラス

テクスチャライザー

パッチワーク

モザイクスタイル

粒状

■ブラシストローク（8種類）　ブラシやインクの特性を使って絵画調に加工する

インク画（外形）

エッジの強調

ストローク（スプレー）

ストローク（暗）

ストローク（斜め）

はね

墨絵

網目

■表現手法（1種類） 印象派の絵画のような効果を加える

エッジの光彩

■変形（3種類） ゆがめて、3D効果を加える

ガラス　　　　　　　　　　　海の波紋　　　　　　　　　　　光彩拡散

StepUp フィルターギャラリーのフィルターを追加・削除する

フィルターギャラリーの右下には、適用したフィルターの名前が表示されます。
👁をクリックすると❶、表示・非表示を切り替えることができ、フィルターのシミュレーションができます。
フィルターを追加するには、🔲をクリックし❷、フィルターをクリックして❸、指定します。複数のフィルターを重ねた場合、上にあるものが前面になり、ドラッグして重なり順を変更できます。
不要なフィルターは、🗑をクリックすると❹、削除できます。
複数組み合わせたフィルターギャラリーのフィルターは、フィルターギャラリー内に保存されます。＜レイヤー＞パネルのスマートフィルターの表示は、＜フィルターギャラリー＞という名称となります。

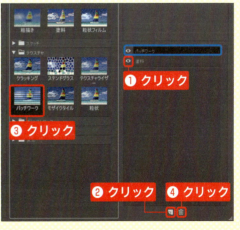

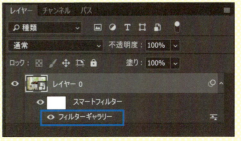

Chapter 8　フィルター・レイヤースタイルを上手に使おう

195

Section

69 文字に縁取りをする

キーワード
▶ レイヤースタイル
▶ レイヤー効果
▶ 境界線

レイヤー効果とはレイヤーに付与する特殊効果で、複数の効果を組み合わせて、レイヤースタイルとして適用することもできます。ここで解説する＜境界線＞をテキストレイヤーに適用すると、画像の上の文字が見やすくなります。

BEFORE 画像上の文字が見づらい

AFTER 文字に縁取りをして見やすくなった

境界線のレイヤー効果を適用する

1 境界線を適用する

レイヤースタイルを適用したいレイヤーを選択し❶、＜レイヤー＞パネルの fx をクリックして❷、表示されるリストから、＜境界線＞をクリックします❸。

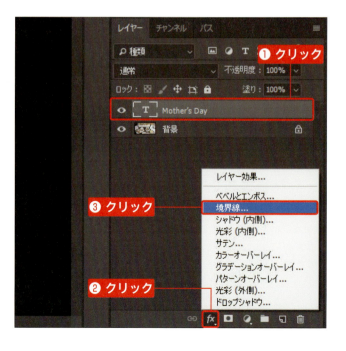

Chapter 8 フィルター・レイヤースタイルを上手に使おう

196

2 縁取りの設定をする

＜レイヤースタイル＞ダイアログボックスが表示されるので、＜構造＞の＜サイズ＞で縁取りの太さを、＜位置＞で縁取りをつける向きを設定します❶。＜塗りつぶしタイプ＞で＜カラー＞を選択し❷、＜カラー＞をクリックして❸、表示されるカラーピッカー (P.214) でカラーを指定します。設定したら、＜OK＞をクリックします❹。

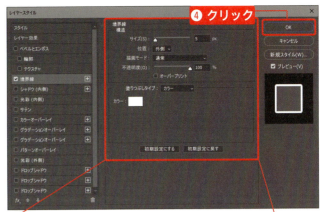

サイズ	5px
位置	外側
塗りつぶしカラー	カラー
カラー	RGBすべて255

Hint 塗りつぶしタイプ

塗りつぶしタイプは、カラー以外に、グラデーションとパターンもあります。タイプを変えると、以下の設定も変わります。

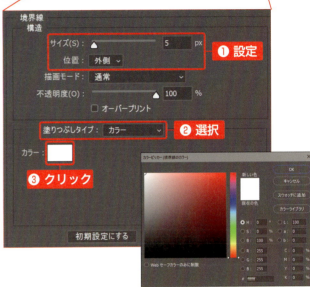

3 文字に縁取りができた

文字に縁をつけることができました。＜レイヤー＞パネルのレイヤーには、＜境界線＞ができます。名前の上をダブルクリックすると、ダイアログを表示して設定を変更できます。

Hint レイヤー効果の表示・非表示

レイヤー効果名の左横の 👁 をクリックすると、レイヤー効果の表示・非表示を切り替えることができます。

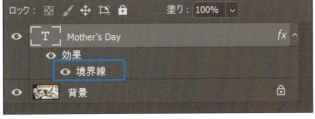

Section

70 オブジェクトに影を付ける

キーワード
- レイヤースタイル
- ドロップシャドウ
- 不透明度

＜ドロップシャドウ＞の機能を使うと、オブジェクトに影を付けることができます。画像合成をする際に、影がないオブジェクトに影を付けると、自然な仕上がりになります。

BEFORE 合成した画像に影がない　　AFTER 影を付けて自然な仕上がりに

ドロップシャドウのレイヤー効果を適用する

1 ドロップシャドウを適用する

レイヤースタイルを適用したいレイヤーを選択し❶、＜レイヤー＞パネルの fx をクリックして❷、表示されるリストから、＜ドロップシャドウ＞をクリックします❸。

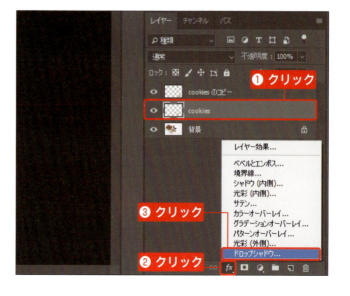

Chapter 8 フィルター・レイヤースタイルを上手に使おう

198

2 影の設定をする

<レイヤースタイル>ダイアログボックスが表示されるので、ドロップシャドウの設定をします❶。<構造>の<描画モード>で影と背景の画像との合成方法を、<不透明度>で影の濃さを、<角度>で影の角度を、<距離>でオブジェクトと影の距離を、<スプレッド>で影の大きさを、<サイズ>で影のぼけ加減を指定します。設定したら、<OK>をクリックします❷。

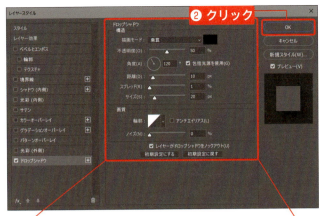

描画モード	乗算
不透明度	50%
角度	120°
距離	10px
スプレッド	1%
サイズ	20px

Hint <不透明度>と<サイズ>

<不透明度>で影を濃くしても、<サイズ>でぼけ加減を大きくすると、結果的に薄い影になります。バランスを見ながら調整しましょう。

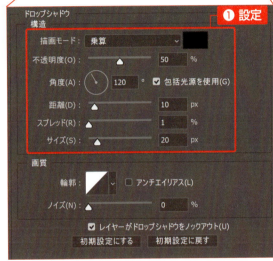

3 影が付いた

オブジェクトに影を付けることができました。<レイヤー>パネルのレイヤーには、<ドロップシャドウ>ができます。また、レイヤー効果は、Alt (option) キーを押しながら別のレイヤーの上にドラッグ&ドロップすると❶、コピーできます。レイヤー効果の名前の上をダブルクリックすると、ダイアログを表示して設定を変更できます。

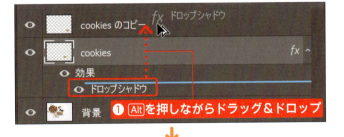

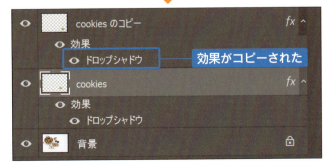

Section 71 オブジェクトを立体的にする

キーワード
- レイヤースタイル
- ベベルとエンボス
- スタイルパネル

＜ベベルとエンボス＞の機能を使うと、オブジェクトを立体的にすることができます。Webのボタンなどを作成する際に適用すると背景と差別化でき、見る人に伝わりやすくなるので便利です。

BEFORE 立体感がない　　AFTER 立体感が付いた

ベベルとエンボスのレイヤー効果を適用する

1 ベベルとエンボスを適用する

レイヤースタイルを適用したいレイヤーを選択し❶、＜レイヤー＞パネルの fx をクリックして❷、表示されるリストから、＜ベベルとエンボス＞をクリックします❸。

Hint ボタンの作成

ここで作成するボタンは、シェイプを組み合わせて作っています。P.206のStepUpを参考にしてください。

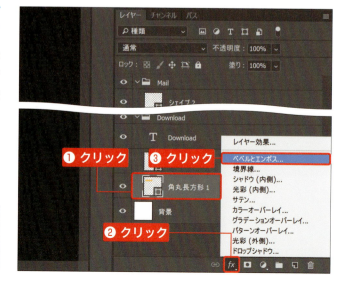

2 立体感の設定をする

＜レイヤースタイル＞ダイアログボックスが表示されるので、＜構造＞の＜スタイル＞で立体感の出し方を、＜深さ＞で立体感の深さを、＜方向＞で立体感を出す方向を、＜サイズ＞で影の大きさを設定します❶。

スタイル	ベベル（内側）
深さ	50%
方向	上へ
サイズ	5px

Hint 設定値の調整

立体感をつけるオブジェクトの色によって、立体感の見え方は異なります。設定値はプレビューしながら調整しましょう。

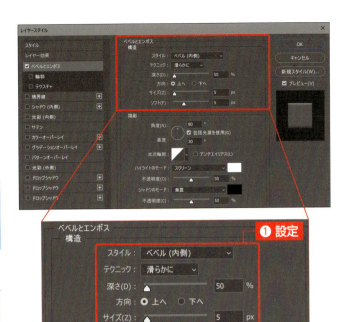

3 スタイルを登録する

ここでの設定を他のオブジェクトにも流用したい場合は、＜新規スタイル＞をクリックし❶、表示される＜新規スタイル＞ダイアログボックスの＜スタイル名＞にスタイル名を入力して❷、＜OK＞をクリックします❸。＜レイヤースタイル＞ダイアログボックスに戻るので、＜OK＞をクリックします❹。

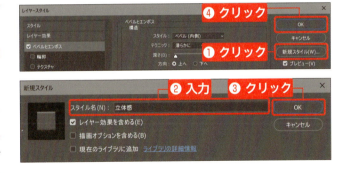

4 立体感が付いた

オブジェクトに立体感が付きました。また、別のレイヤーをクリックして選択し❶、＜スタイル＞パネルの登録済みのスタイルをクリックすると❷、簡単に同じレイヤースタイルを適用することができます。＜レイヤー＞パネルのレイヤーには、＜ベベルとエンボス＞ができます。

Section

72 オブジェクトの配色を変更する

キーワード
- カラーオーバーレイ
- グラデーションオーバーレイ
- パターンオーバーレイ

レイヤーの内容に配色できる＜オーバーレイ＞には、＜カラーオーバーレイ＞、＜グラデーションオーバーレイ＞、＜パターンオーバーレイ＞の3種類があります。オブジェクトの元の色に関わらず、手軽に色の変更ができて便利です。

BEFORE 色を変更したい　AFTER グラデーションに変更できた

グラデーションオーバーレイのレイヤー効果を適用する

1 レイヤーを選択する

ここでは、すでに1つのレイヤー効果（ベベルとエンボス）が適用されているレイヤーに、＜グラデーションオーバーレイ＞を追加します。レイヤースタイルを追加したいレイヤーの名前の上を避けて、ダブルクリックします❶。

Hint　レイヤー名の上を避ける

レイヤー名の上をダブルクリックすると、入力モードになります。名前の上を避けてダブルクリックしましょう。

❶ダブルクリック

2 レイヤー効果を追加し設定する

<レイヤースタイル>ダイアログボックスが表示されます。<グラデーションオーバーレイ>をクリックして❶、設定をします❷。<グラデーション>をクリックして❸、表示されるグラデーションエディター(P.222)でグラデーションを指定します(ここでは初期設定のままにします)。設定したら、<OK>を2回クリックします❹❺。

不透明度	100%
グラデーション	任意の色
スタイル	線形
角度	-90°

Hint レイヤー効果の選択

レイヤー効果名の左横のチェックは、効果を有効にするというだけで、効果名がきちんと選択されていないと、詳細設定が表示されないので注意しましょう。

Hint その他のオーバーレイ

ここでは、<グラデーションオーバーレイ>について解説しましたが、カラーを適用する<カラーオーバーレイ>とパターンを適用する<パターンオーバーレイ>もあります。

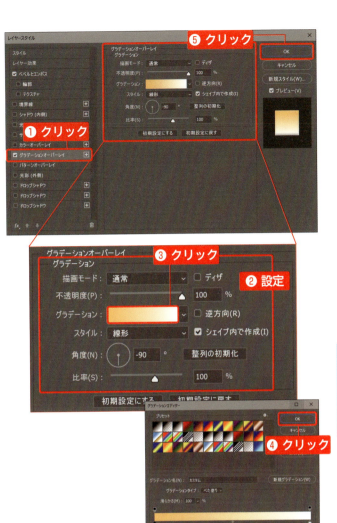

3 グラデーションで配色できた

オブジェクトがグラデーションで配色されました。ここでは、その他の配色も変更しました。<レイヤー>パネルのレイヤーには、<グラデーションオーバーレイ>が追加されます。複数のレイヤー効果をレイヤースタイルとしてレイヤーに付与することができ、スタイルとして保存しておけば(P.201)、別のレイヤーに簡単に流用できます。

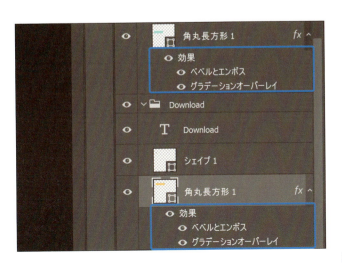

Section

73 オブジェクトに光彩を付ける

キーワード
▶ レイヤースタイル
▶ 光彩（外側）
▶ 光彩（内側）

＜光彩＞の機能を使うと、オブジェクトから光を放つような効果を適用することができます。上手に使うと、画像合成をする際に印象的な仕上がりになります。

| BEFORE | グラスから光を放ちたい | AFTER | グラスに光彩が付いた |

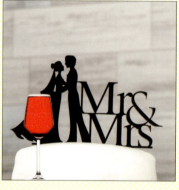 

光彩（外側）のレイヤー効果を適用する

1 光彩（外側）を適用する

レイヤースタイルを適用したいレイヤーを選択し❶、＜レイヤー＞パネルの fx をクリックして❷、表示されるリストから、＜光彩（外側）＞をクリックします❸。

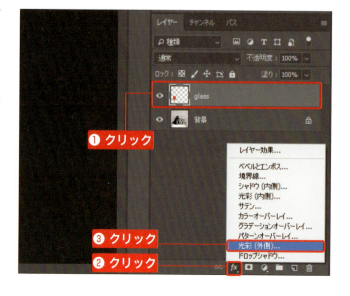

2 光彩の設定をする

＜レイヤースタイル＞ダイアログボックスが表示されるので、＜構造＞の＜描画モード＞で光彩と背景の画像との合成方法を、＜不透明度＞で光彩の濃さを、＜ノイズ＞で光彩の粗さを設定します❶。カラーボックスをクリックして❷、表示されるカラーピッカー(P.28)でカラーを指定します。＜エレメント＞の＜テクニック＞で＜さらにソフトに＞を選択し、＜スプレッド＞で光の大きさを、＜サイズ＞でぼけ加減を設定します❸。設定したら、＜OK＞をクリックします❹。

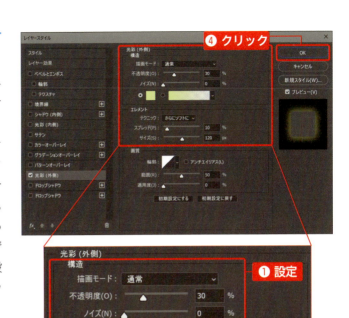

描画モード	通常
不透明度	30%
ノイズ	0%
カラー	黄色系
テクニック	さらにソフトに
スプレッド	10%
サイズ	120px

Hint 光彩の色

光彩の色は、黄色系にすると光のようになります。

3 光彩が付いた

オブジェクトに光彩を付けることができました。＜レイヤー＞パネルのレイヤーには、＜光彩(外側)＞ができます。名前の上をダブルクリックすると、ダイアログを表示して設定を変更できます。

Hint 光彩(内側)

光彩には、内側もあります。オブジェクトの内側に光がこもっているような表現をしたい場合に利用できます。

Chapter 8 フィルター・レイヤースタイルを上手に使おう

シェイプを組み合わせて、ボタンやアイコンを作成する

■シェイプを組み合わせたボタン

P.200で紹介したボタンは、シェイプ（P.230）を組み合わせて作成できます。ダウンロードボタンは、角丸長方形と矢印の2つのシェイプに、テキストレイヤーを組み合わせています。矢印のシェイプ（矢印9）は、シェイププリセットピッカーの初期設定のシェイプの中にあります。メールボタンは、角丸長方形とメールの2つのシェイプに、テキストレイヤーを組み合わせています。メールのシェイプ（メール）は、カスタムシェイプピッカーメニューから＜Web＞カテゴリのシェイプを読み込むと利用できます。

■＜属性＞パネルでシェイプの属性を変更する

描画後のシェイプは、＜属性＞パネルを使って、塗りや線、サイズや角丸などの属性を変更できます（ライブシェイプ）。

■パスの操作と整列

＜パス＞パネルにできるシェイプパスを選択したまま、続きのシェイプを描画すると、1つのシェイプレイヤーと1つのシェイプパス内で、複数のシェイプを管理できます。その際、シェイプツールのオプションバーの＜パスの操作＞でシェイプを合体させたり、＜パスの整列＞でシェイプを整列させることができます。アイコンを作成する際にも便利です。

楕円形と三角のシェイプを
組み合わせて吹き出しを作成

■ダウンロードボタン

■メールボタン

Chapter 9

ペイント機能を
使いこなそう

ここでは、ペイントについて確認します。Photoshopで使用するに色には、描画色と背景色があり、それぞれに色を設定できます。色を設定したら、＜ブラシ＞ツールなどのペイント系ツールを使ってペイントできます。＜消しゴム＞ツールなどの消去系ツールと合わせて使ってみましょう。

Section

74 描画色と背景色とは

キーワード
- 描画色
- 背景色
- カラーピッカー

Photoshopで使用する色には、描画色と背景色があります。初期設定では、描画色は黒、背景色は白ですが、それぞれに任意の色を設定できます。ここでは、描画色と背景色の操作について、確認します。

描画色と背景色

Photoshopで使用する色には、描画色と背景色があります。**描画色**は、＜ブラシ＞ツールなどで描画するときに使用され、**背景色**は、フィルター (P.182) などの特殊効果のほか、＜背景＞レイヤー上で消去するときに使用されます。どちらも、クリックすると、カラーピッカー (P.214) が表示され、カラーを作成して設定できます。また、＜カラー＞パネル (P.210) の描画色と背景色とも連動しています。

＜ツール＞パネルと＜カラー＞パネルは連動している

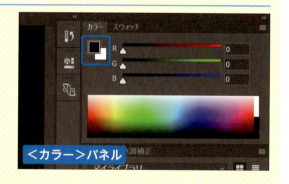

描画色はペイント系ツールの描画で使用される。背景色は＜背景＞レイヤー上での消去で使用される

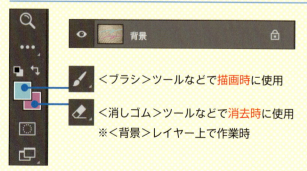

描画色と背景色を入れ替える

1 描画色と背景色を入れ替える

ツールパネルの＜描画色と背景色を入れ替え＞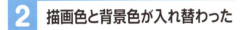をクリックします❶。

> **Hint** 描画色と背景色を入れ替え
>
> ＜描画色と背景色を入れ替え＞をクリックする以外に、Xキーを使っても、描画色と背景色を入れ替えることができます。

2 描画色と背景色が入れ替わった

描画色と背景色が入れ替わりました。

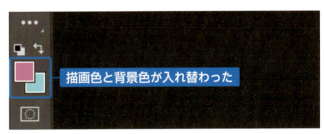

描画色と背景色を初期設定に戻す

1 初期設定に戻す

ツールパネルの＜描画色と背景色を初期設定に戻す＞をクリックします❶。

> **Hint** 描画色と背景色を初期設定に戻す
>
> ＜描画色と背景色を初期設定に戻す＞をクリックする以外に、Dキーを使っても、描画色と背景色を入れ替えることができます。

2 初期設定に戻った

描画色と背景色が初期設定に戻りました。

Section

75 スウォッチパネルから カラーを選択する

キーワード
▶ スウォッチパネル
▶ 最近使用したカラー
▶ 表示形式

＜スウォッチ＞パネルには、あらかじめ、いくつかのカラーが用意されているほか、直近で使用したカラーが残るので、クリックで簡単にカラーを選択できます。また、パネルメニューから、表示形式を変更することができます。

スウォッチパネルからカラーを選択する

1 スウォッチをクリックする

＜スウォッチ＞パネルを表示します。＜スウォッチ＞パネルのカラースウォッチ（カラーの四角）をクリックします❶。＜カラー＞パネルのタブをクリックして❷＜カラー＞パネルに切り替えます。

2 カラーを選択できた

クリックしたカラーを選択できました。描画色・背景色のうち、＜カラー＞パネルで選択されている（太枠で表示されている）ほうに設定されます。

Hint 描画色と背景色の連動

＜ツール＞パネルと＜カラー＞パネルの描画色と背景色は、連動しています。

StepUp 最近使用したカラー

最近使用したカラーは、＜スウォッチ＞パネル上部に追加され、一定数残ります。同じ色を再使用するときに便利です。

パネルメニューから表示形式を変更する

1 パネルメニューを表示する

＜スウォッチ＞パネルの ≡ をクリックし❶、パネルメニューから、目的の表示形式（ここでは「リスト（小）」）をクリックします❷。

Hint 最近使用したカラーを非表示にする

最近使用したカラー（P.210）を非表示にするには、パネルメニューの＜最近使用したカラーを表示＞のチェックを外します。

2 表示形式が変わった

表示形式がリスト（小）に変更されました。表示形式は、いつでもパネルメニューから変更できるので、好みに応じて使いましょう。

StepUp 画像からカラーを抽出する

＜スポイト＞ツールを使うと、画像からカラーを抽出することができます。＜スポイト＞ツールを選択し、カラーを抽出したい画像の上にマウスポインターを合わせ、クリックすると抽出されます。抽出したカラーは、描画色・背景色のうち、＜カラー＞パネルで選択されている（太枠で表示されている）ほうに設定されます。

Section 76 カラーパネルでカラーを作成する

キーワード
▶ カラーパネル
▶ RGBスライダー
▶ カラースペクトル

＜カラー＞パネルでは、さまざまな表示形式を用いて任意のカラーを作成することができます。作成したカラーは、＜スウォッチ＞パネルに登録して、活用できます。

スライダー形式でカラーを作成する

1 RGBスライダーを表示する

＜カラー＞パネルには、いくつかの表示形式があり、パネルメニューから切り替えることができます。ここではRGBスライダーを利用します。
＜カラー＞パネルの■をクリックし❶、パネルメニューから＜RGBスライダー＞をクリックします❷。

2 カラースペクトルをクリックする

RGBスライダーが表示されます。カラースペクトル（カラー分布のバー）の上にマウスポインターを合わせ、スポイトアイコン 🖉 になったら、クリックします❶。

3 RGB値を調整する

RGB値を取得し、カラーを作成できました。微調整が必要であれば、各数値ボックスに0から255までの数値を入力するか❶、スライダーをドラッグして❷、調整します。

作成したカラーをスウォッチパネルに登録して活用する

1 新規スウォッチを作成する

<スウォッチ>パネルを表示し、<描画色から新規スウォッチを作成>をクリックします❶。

Hint ここでの表示形式

ここでは、パネルメニューから<サムネール(小)を表示>を選択しています(P.211)。

2 スウォッチ名を付けて登録する

<スウォッチ名>ダイアログボックスの<名前>に、スウォッチ名(ここでは「yellow」)を入力し❶、<OK>をクリックします❷。

3 カラーが登録された

<スウォッチ>パネルを下にスクロールして❶、表示される末尾に、カラーが登録できたことが確認できます。以降は、登録したスウォッチをクリックして活用できます(P.210)。

StepUp カラーパネルのその他の表示形式

<カラー>パネルのパネルメニューでは、さまざまな表示形式を選択できます。大きく分けると、クリックして直感的に色を指定できる**キューブ**と、数値で色を指定できる**スライダー**の2つの形式があり、色相や明るさ、カラーモデルに応じて分かれています。
キューブ形式は、カラーピッカー(P.214)の使い方と同様です。スライダー形式は、選択したカラーモデルに応じたスペクトル(<カラーパネル>に表示されるカラー分布のバー)が選択されていることを確認しましょう。

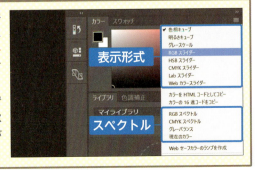

Chapter 9 ペイント機能を使いこなそう

213

Section

77 カラーピッカーで
カラーを作成する

キーワード
- カラー選択ボックス
- カラーピッカー
- 警告マーク

描画色または背景色のカラー選択ボックスをクリックすると表示されるカラーピッカーでは、オリジナルのカラーを作ることができます。カラーピッカーは、Photoshopのさまざまな機能で出てきますが、使い方は同様です。

カラーピッカーを使ってカラーを作成する

1 カラー選択ボックスをクリックする

カラー選択ボックスをクリックし❶、カラーピッカーを表示します。

Hint カラー選択ボックス

左上のカラー選択ボックスをクリックすると、描画色を設定でき、右下のカラー選択ボックスをクリックすると、背景色を設定できます。

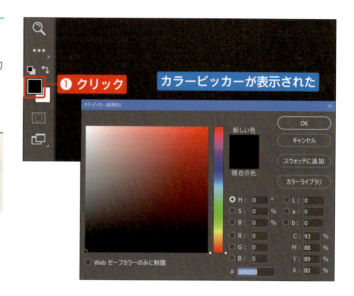

2 色相を調整する

カラースライダー内の任意の場所をクリックして❶、色相（色味）を調整します。

Hint 色相とは

画像の色は、色相、明度、彩度の3属性を調整して作成します。色相とは、赤・黄・緑・青といった色あいのことで、これを調整して画像全体の印象を変えることもできます（詳しくはSec.21〜23を参照）。

3 明度と彩度を調整する

カラーフィールド内をクリックし❶、明度（明るさ）と彩度（鮮やかさ）を調整して、カラーを整えます。＜新しい色＞に選択したカラーが表示されるので、確認し、＜OK＞をクリックします❷。

Hint 明度・彩度とは

色の3属性のうち、明度は色の明るさ、彩度は鮮やかさのことです。カラーフィールドでは、上下で明度、左右で彩度を表し、左上に近いほど明るく鮮やかになります。

4 カラーが作成された

作成したカラーがカラー選択ボックスに設定されました。

StepUp 警告マークが表示された場合の対処法

カラーピッカーでカラーを作成する際に、警告マークが表示されることがあります。▲は、色域外（印刷で表現できない色）であることを表し、◉は、Webセーフカラー（OSやコンピュータの違いに関わらず、同じように表示される色）でないことを表します。各マークをクリックすると、警告マークは消え、表現可能な近似色に置き換わります。
なお、カラーピッカーの左下の＜Webセーフカラーのみに制限＞にチェックを入れると、選択したカラーは、すべて自動でWebセーフカラーになります。
バナーなどWeb用の素材を作成する場合は、＜Webセーフカラーのみに制限＞にチェックを入れて作業すると、◉が表示されないので、効率がよいでしょう。また、チラシなど印刷用の画像を作成する場合は、▲が表示されるカラーを使用しないほうがよいでしょう。

Section

78 ブラシツールで描画する

キーワード
▶ ブラシツール
▶ ブラシプリセットピッカー
▶ 描画色

＜ブラシ＞ツールを使うと、種類・太さ・ぼかしなどの設定を組み合わせて、さまざまなタッチで描画できます。Photoshopのペイント系ツールの基本的な設定は、＜ブラシ＞ツールの設定に似ているので、あわせて整理しましょう。

オプションバーでブラシツールの設定をする

1 ブラシツールを選択する

ツールパネルの＜ブラシ＞ツールをクリックします❶。

2 種類・直径・硬さを設定する

オプションバーの ▼ をクリックし❶、ブラシプリセットピッカーを表示します。プリセットから任意のフォルダーをクリックし❷、使用するブラシの種類をクリックします❸。＜直径＞と＜硬さ＞の各スライダー△をドラッグするか、数値を入力して❹、設定します。▼ をクリックすると、ブラシプリセットピッカーが閉じます。

プリセット	汎用ブラシ
ブラシの種類	ハード円ブラシ
直径／硬さ	50px／100%

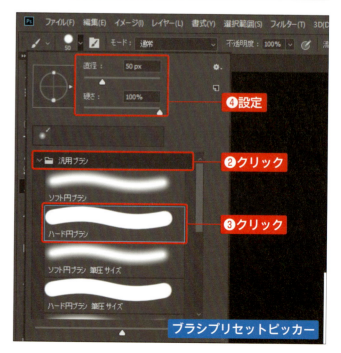

Hint ブラシサイズの調整

ショートカットを使うと、簡単にブラシサイズを調整できます。[キーを押すと小さく、]キーを押すと大きくなります。ペイント系ツールのブラシサイズの調整時にも、同様に使えます。

3 モード・不透明度・流量を設定する

ここでは、モード（P.172）、不透明度、流量は初期設定値にします。

描画色を設定し、描画する

1 描画色を設定する

P.208とP.210を参考に、描画色を設定します❶。

❶設定

2 ドラッグして描画する

画面上をドラッグして❶、描画します。設定した描画色で描画できました。

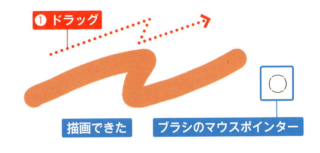

❶ドラッグ / 描画できた / ブラシのマウスポインター

Hint 描画用のレイヤーを分ける

描画用にレイヤー（P.122）を分けて作業すると、やり直しがしやすいです。

StepUp オプションバーの不透明度と流量とは

オプションバーの＜不透明度＞は、描画の不透明度です。数値を下げると透明感が出ます。＜流量＞は、描画で使用するインクが出る速度です。数値を下げると、インクが出る速度が下がり、かすれたようなタッチになります。実際のブラシを使用する際に、最初は絵具が出ず、描いているとだんだん絵具が出て濃くなっていく現象に似ています。また、＜流量＞と合わせて＜エアブラシスタイルを使用＞をクリックして有効にすると、マウスを押し続けることで、だんだん濃くなります。

クリック

❶不透明度100% 流量100%
❷不透明度50% 流量100%
❸不透明度100% 流量20%
❹不透明度100% 流量20% エアブラシスタイルを使用し、マウスを押し続けると濃くなる

Chapter 9 ペイント機能を使いこなそう

217

Section

79 ブラシをカスタマイズする

キーワード
▶ ブラシプリセット
▶ ブラシ設定パネル
▶ 新規ブラシを作成

基本的なブラシの使い方をマスターしたら、ブラシの詳細設定をして、カスタマイズしてみましょう。ブラシプリセットには、さまざまなブラシが用意されており、＜ブラシ設定＞パネルでカスタマイズ後、保存して活用できます。

元となるブラシを選択する

1 元となるブラシを選択する

＜ブラシ＞ツール（P.216）を選択し、オプションバーの ⌄ をクリックして❶、ブラシプリセットピッカーを表示します。⚙ をクリックし❷、メニューから＜レガシーブラシ＞をクリックします❸。

2 ブラシを追加する

ダイアログボックスが表示されたら、＜OK＞をクリックし❶、現在のブラシに追加します。

Hint レガシーブラシとは

＜レガシーブラシ＞とは、旧バージョンで使われていたブラシのライブラリのことです。Photoshop CC 2018以前では、ブラシプリセットピッカーの ⚙ をクリックすると、＜カスタムブラシ＞や＜基本ブラシ＞などといったブラシのライブラリが表示されていましたが、CC 2018にはそういった項目はありません。従来のブラシを使用したい場合は＜レガシーブラシ＞を呼び出します。

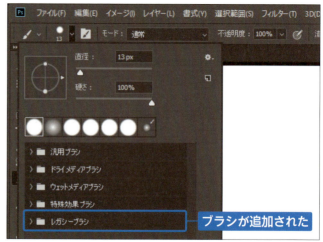

3 プリセットを選択する

追加した＜レガシーブラシ＞の▶をクリックし❶、使用したいプリセット（ここでは＜カスタムブラシ＞）をクリックします❷。

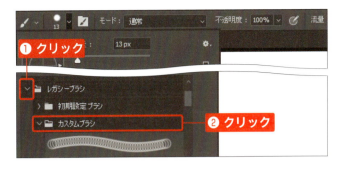

4 ブラシを選択する

プリセットのリストをスクロールして❶、目的のブラシをクリックします。

| ブラシの種類 | 星（大） |

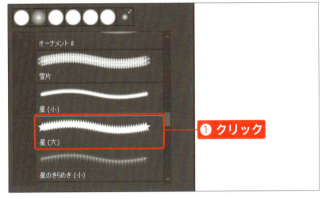

ブラシ設定パネルで詳細な設定をする

1 ブラシ設定パネルを表示する

＜ブラシ＞ツールのオプションバーの▣をクリックし❶、＜ブラシ設定＞パネルを表示すると、選択中のブラシの詳細が表示されます。最初に見える＜ブラシ先端のシェイプ＞では、ブラシの基本的な設定が表示されます。

Hint 直径（ブラシサイズ）

のちにカスタマイズしたブラシを保存しますが、保存時のブラシの直径に関わらず、描画時にブラシサイズは変更できます。ただし、保存時の直径より極端に大きくして描画すると、荒れて見えることがあります。大きく使用する場合は、保存時に直径を大きめにしておきます。

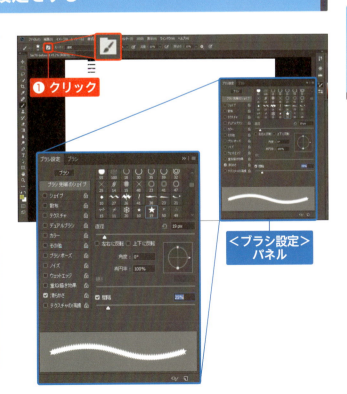

2 間隔を調整する

<間隔>のスライダーを動かすか、数値を入力して、ブラシの筆跡間の距離を設定します❶。パネル下部に、変更後のプレビューが表示されるので、確認しながら調整します。

間隔	200%

Hint オプションの選択と有効化

パネルの左側には、さまざまなオプションがカテゴリ別に表示されています。選択（色が反転した状態）すると、右側に詳細設定が表示されます。チェックを入れると設定は有効になりますが、詳細設定は表示されません。詳細設定を表示するには、選択するようにしましょう。

3 シェイプを調整する

左側の<シェイプ>をクリックすると❶、右側に詳細設定が表示されます。<サイズのジッター>❷と<角度のジッター>❸のスライダーを動かすか、数値を入力して、ブラシの筆跡のランダム度を調整します。

サイズのジッター	100%
角度のジッター	100%

Hint ジッター

<シェイプ>では、ブラシの筆跡の形状の設定ができます。<ジッター>とは、ランダム度を設定するもので、サイズ、角度、真円率に設定できます。動きのある筆跡に仕上がるので、好みで調整しましょう。

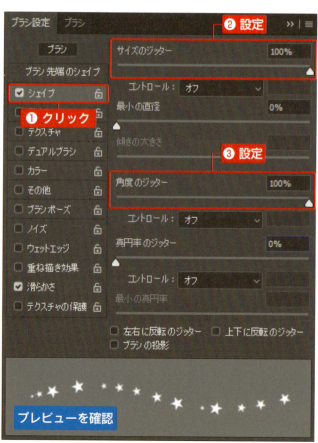

4 散布を調整する

左側の<散布>をクリックすると❶、右側に詳細設定が表示されます。<散布>のスライダーを動かすか、数値を入力して❷、ブラシの筆跡の散らばり度を調整します。また、<数>のスライダーを動かすか、数値を入力して❸、ブラシの筆跡の密度を調整します。

散布	200%
数	2

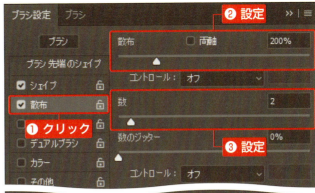

5 新規ブラシを作成する

カスタマイズしたブラシを保存しましょう。<新規ブラシを作成>をクリックして❶、<新規ブラシ>ダイアログボックスを表示します。<名前>にブラシ名を入力し❷、<OK>をクリックします❸。

ブラシ名	星カスタマイズ

6 ブラシを選択し、描画する

保存したブラシは、通常のブラシと同様、<ブラシ>ツールのオプションバーのブラシ一覧の末尾に表示されます。描画色(P.208)を設定し、ブラシサイズを調整して、描画してみましょう。

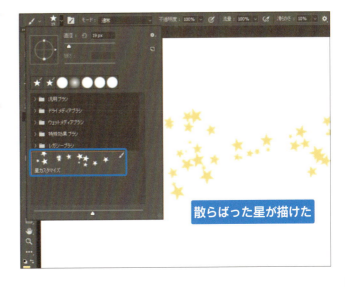

Section 80 オリジナルのグラデーションを作成する

キーワード
- グラデーションツール
- グラデーションエディター
- 分岐点

Photoshopには、はじめからいくつかのグラデーションが用意されていますが、グラデーションエディターでオリジナルのグラデーションを作成することもできます。作成後は＜プリセット＞に保存し、＜グラデーション＞ツールで描画します。

グラデーションエディターでグラデーションを作成する

1 グラデーションツールを選択する

ツールパネルの＜グラデーション＞ツールをクリックします❶。

2 グラデーションエディターを表示する

オプションバーのグラデーションサンプルをクリックします❶。

3 ベースのグラデーションとタイプを選択する

グラデーションエディターが表示されるので、＜プリセット＞で元となる既存のグラデーション（ここでは「描画色から背景色へ」）をクリックし❶、＜グラデーションタイプ＞で＜べた塗り＞をクリックします❷。

Chapter 9 ペイント機能を使いこなそう

4 開始分岐点のカラーを設定する

開始分岐点の■をクリックして選択し❶、＜終了点＞のカラー選択ボックスをクリックして❷、表示されるカラーピッカー（P.214）でカラーを作成します❸。

5 終了分岐点を設定し、保存する

同様に、終了分岐点にもカラーを設定します❶。完成したら、＜グラデーション名＞に名前を入力し❷、＜新規グラデーション＞をクリックすると❸、＜プリセット＞に保存されます。＜OK＞をクリックし❹、ダイアログボックスを閉じます。

Hint グラデーションカラーの位置

分岐点■を左右にドラッグすると、グラデーションカラーの位置を調整できます。＜終了点＞の＜位置＞の数値と連動します。

6 グラデーションツールでドラッグする

＜グラデーション＞ツールでドラッグすると❶、グラデーションで描画できます。

Hint ポップアップパネル

オプションバーのグラデーションサンプルの右横にある■をクリックすると、グラデーションピッカーが表示され、あらかじめ用意されているグラデーションからグラデーションを選択できます。これは、グラデーションエディターの＜プリセット＞と同じです。

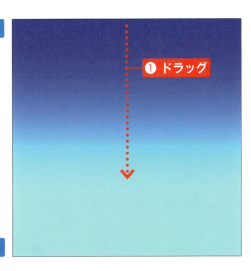

Section 81 似たカラーの範囲を塗りつぶす

キーワード
- 塗りつぶしツール
- 許容値
- 隣接

＜塗りつぶし＞ツールを使うと、＜許容値＞を元に、似たカラーの範囲を塗りつぶすことができます。輪郭をはっきり描いたイラストをスキャンし、塗り絵のように手軽に塗りつぶして仕上げることができます。

塗りつぶしツールで塗りつぶす

1 塗りつぶしツールを選択する

ツールパネルの＜グラデーション＞ツールを長押しし❶、＜塗りつぶし＞ツールをクリックします❷。

2 描画用のレイヤーを作成する

後の修正に備えて、あらかじめ、描画用のレイヤー（P.122）を作成します❶。

Hint レイヤーを分ける

作業の段階に応じて、適宜レイヤーを分けておくと、作業効率が上がります。

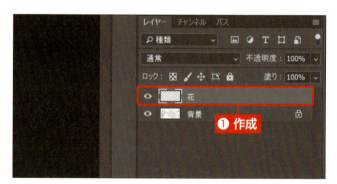

3 描画色を設定する

塗りつぶしで使用する描画色（P.208）を設定します❶。

4 オプションバーで描画色を選択する

オプションバーで、塗りつぶしのソース（元）として、＜描画色＞を選択します❶。

5 その他のオプションを設定する

オプションバーで、＜隣接＞と＜すべての
レイヤー＞をクリックして❶、チェックを
入れます。その他の設定は、初期設定値を
使用します。

Hint 隣接とすべてのレイヤー

＜隣接＞にチェックを入れると、クリック
した箇所との隣接領域のみが、塗りつぶし
の対象になります。また、塗りつぶし用の
レイヤーを複数に分けている場合は、＜す
べてのレイヤー＞にチェックを入れます。

6 クリックして塗りつぶす

塗りつぶしたい箇所をクリックします❶。
＜許容値＞を元に、クリックした箇所と隣
接した似たカラーの範囲が塗りつぶされま
す。塗り残しがある場合は、塗り残した箇
所をクリックして、塗りつぶします。

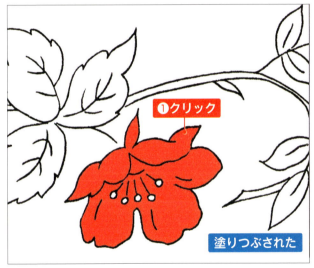

Hint 許容値

＜許容値＞とは、似ているカラーの範囲を
表す値で、0〜255の数値で指定します。
数値が大きいほど、1回のクリックで広範
囲が塗りつぶされます。

7 塗り分けて完成させる

適宜レイヤーを追加し、塗り分けて完成さ
せます。

Hint 塗りつぶし箇所を消す

塗りつぶし箇所を消すには、＜消しゴム＞
ツール(P.226)で該当箇所を消します。

Chapter 9 ペイント機能を使いこなそう

225

Section

82 不要な箇所を消去する

キーワード
▶消しゴムツール
▶背景消しゴムツール
▶マジック消しゴムツール

＜消しゴム＞ツールを使うと、不要な箇所を消去できます。画像合成時の調整でよく使用されます。通常の画像レイヤーで作業をすると、消去した箇所は透明になり、＜背景＞レイヤーで作業をすると、背景色になります。

消しゴムツールで消去する

1 消しゴムツールを選択する

ツールパネルの＜消しゴム＞ツールをクリックします❶。

2 種類・直径・硬さを設定する

オプションバーの ▼ をクリックし❶、ブラシプリセットピッカーを表示します。＜ブラシの種類をクリックして❷、＜直径＞と＜硬さ＞の各スライダー △ をドラッグするか、数値を入力して、設定します❸。▼ をクリックすると、ブラシプリセットピッカーが閉じます。

Hint ブラシの硬さ

オプションバーの＜硬さ＞は、ブラシ先端の硬さを設定します。100%ではっきりとしたタッチに、0%で柔らかいタッチになります。＜消しゴム＞ツールでしっかり消去するには、100%にしておきます。

3 その他のオプションを設定する

＜モード＞＜不透明度＞＜流量＞は、初期設定値にします。

4 ドラッグして消去する

消したい箇所をドラッグします❶。

Hint レイヤーが分かれている場合

レイヤーが分かれている場合、事前に消去したい箇所があるレイヤーを選択してから作業します。

5 消去できた

ドラッグした箇所を消去できました。白とグレーの格子模様は、透明を表します。

Hint 範囲を選択して消去する

広範囲を消去したい場合は、選択範囲（P.93）を作成して、BackSpaceキーを押すと、一度に消去できて効率的です。

StepUp 3つの消しゴム系ツールを背景レイヤーで使うとどうなる？

❶ 消しゴムツール
クリックもしくはドラッグして消去します。
＜背景＞レイヤーで作業をすると、消去した箇所は、透明ではなく背景色になります。

❷ 背景消しゴムツール
クリックもしくはドラッグして消去します。
＜背景＞レイヤーで作業をすると、通常の画像レイヤー（レイヤー0）に変換されます。

❸ マジック消しゴムツール
＜許容値＞を元に、クリックした箇所と似たカラーの範囲を一度に消去します。＜背景＞レイヤーで作業をすると、通常の画像レイヤー（レイヤー0）に変換されます。

さまざまなグラデーション

＜グラデーション＞ツールのオプションバーの設定により、さまざまなグラデーションを作成できます。ここでは、オプションバーの設定について確認しましょう。

❶ グラデーションの種類

グラデーションの種類には、P.222で使用した線形以外に、円形、円錐形、放射形、菱形の5種類があり、クリックして切り替えます。右図は、P.223で作成したグラデーションカラーで、線形は上から下にドラッグ、それ以外の4つは中心から上にドラッグした結果です。

線形　　　円形　　　円錐形

放射形　　菱形

❷ モード

描画モード（P.172）は、＜グラデーション＞ツールで描画した内容と下にある内容との合成方法のことです。通常のペイントでは＜通常＞を指定しますが、その他の描画モードを指定してペイントすると、グラフィックに思いがけないユニークな結果が生まれることもあります。

❸ 不透明度

ペイントするグラデーションの不透明度（P.217）です。透明感を出したい場合は、不透明度を下げてペイントします。

❹ 逆方向

チェックを入れると、指定したグラデーションの始点と終点を逆にしてペイントします。例えば、黒～白のグラデーションであれば、白～黒のグラデーションになります。

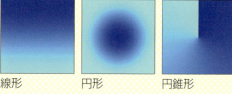

カラー分岐点の上の不透明度の分岐点をクリックすると、＜不透明度＞を設定できる
この設定を有効にするには、オプションバーの＜透明部分＞にチェックを入れる

❺ ディザ

チェックを入れると、グラデーションのムラを少なくし、より滑らかにします。

❻ 透明部分

チェックを入れると、グラデーションエディター（P.222）で不透明度の分岐点に不透明度が設定されている場合、ペイント時に設定を有効にします。

例：ペイントすると、不透明度の分岐点の設定が有効になり、下のパターンが透けて見える

Chapter 10

シェイプとパスで
自在に描画しよう

ここでは、シェイプとパスの描画について確認します。Photoshopでは、ビットマップ画像内で、ベクトル系のシェイプ（図形）とパス（輪郭線）を扱うことができます。パスを使って選択範囲に変換したり境界線を描いたり、シェイプを使ってパターン（模様）を作ることができます。

Section

83 | シェイプとパスを確認する

キーワード
- シェイプ
- パス
- ベクトル画像

シェイプは図形のことで、その輪郭線のことをパスといいます。Photoshopでは、部分的にベクトル系のシェイプやパスを扱うことができます。ただし、シェイプには色を割り当てることができますが、パスは線画のみです。

シェイプとパス

シェイプは図形のことで、色を割り当てることができます。それに対しパスは、シェイプの輪郭線であり、Photoshopでは線画のみです。これらは、シェイプツール（＜長方形＞ツールなど図形を描くツールの総称）のオプションバーのツールモードを切り替えることで、同じツールで作成できます。描画後、＜レイヤー＞パネルや＜パス＞パネルの状態を確認しましょう。本章ではパスの描き方を中心に解説しています。

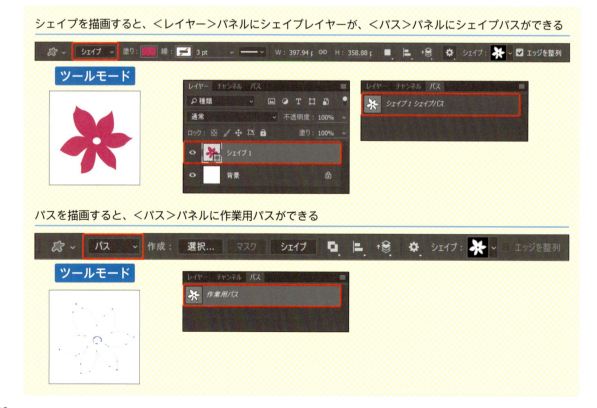

パスの構造

パスは、点(アンカーポイント)と線(セグメント)の集まりです。また、パスで構成される画像をベクトル画像といいます。パスには、始点と終点が異なる位置にあるオープンパスと、始点と終点が同じ位置にあるクローズパスの2種類があります。

本章では、＜ペン＞ツール を使って、パスの4つの描き方を練習しますが、オープンパスである直線は＜ライン＞ツール で、クローズパスである長方形や楕円形は＜長方形＞ツール や＜楕円形＞ツール で描くこともできます。

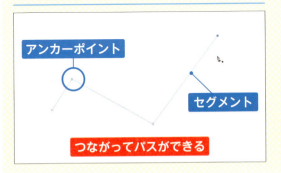

パスは点と線でできている

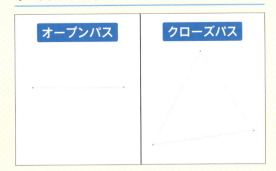

オープンパスとクローズパス

パスの編集

パスは、作成後も、アンカーポイントやセグメントを編集して、柔軟に形状を変更できます。
パス全体を選択するには＜パスコンポーネント選択＞ツール を、パスを構成するアンカーポイントやセグメントを選択するには＜パス選択＞ツール を使います。クリックして選択したアンカーポイントは、白から色付きに変化し、ドラッグで動かすことができます。複数のアンカーポイントを選択するには、Shiftキーを押しながら1つずつクリックするか、周りから囲むようにドラッグします。

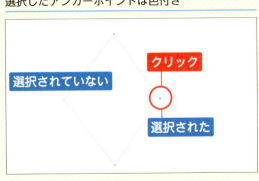

選択したアンカーポイントは色付き

選択したアンカーポイントは動かせる

Section

84 直線（オープンパス）を描く

キーワード
- ペンツール
- パスパネル
- オープンパス

オープンパスとクローズパスでは、描画の終了方法が異なります。ここでは、簡単な直線のオープンパス（P.231）の描き方を確認しましょう。直線は、クリックだけで描くことができます。

ペンツールで直線のオープンパスを描く

1 ペンツールを選択する

ツールパネルから＜ペン＞ツールをクリックし❶、オプションバーの＜ツールモード＞で＜パス＞を選択します❷。

Hint シェイプを描く

ツールモードで＜シェイプ＞を選択すると、シェイプ（P.230）を描画できます。

2 始点を作る

マウスポインターの形が、描画開始を表す ◆ になります。始点をクリックすると❶、アンカーポイントが追加されます。

Hint 直線の描画ではドラッグしない

直線はクリックのみで描けます。ドラッグすると、曲線になってしまうので、ここではクリックのみで描くことを意識しましょう。

3 続きの点を作る

を押しながら、右方向の一点をクリックすると❶、始点と2つ目の点がつながり、まっすぐな線ができます。

Hint まっすぐな線を描く

[Shift]キーを利用すると、動作を水平・垂直・斜め45°に制御でき、まっすぐ描けます。

4 描画を終了する

何もない箇所で[Ctrl]([command])キーを押したままにし、マウスポインターの形が▶になったら、クリックして❶、描画を終了します。キーから指を放すと、マウスポインターの形が描画開始を表す▶.になり、先に描いたパスは終了できたことがわかります。

Hint 一時的にパス選択ツールにする

描画中に[Ctrl]([command])キーを押したままにすると、一時的に＜パス選択＞ツールになり、白い矢印のアイコン▶になります。

5 直線のオープンパスが描けた

直線のオープンパスが描けました。＜パス＞パネルには、作業用パスができます。

Hint 作業用パス

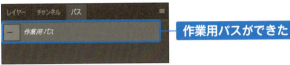

一時的なパスなので、確実に残すにはパスとして保存します（P.111）。

StepUp いろんな直線を描いてみよう

ここでは、右方向に水平な直線を描きました。ほかにもさまざまな方向の直線や、水平でないギザギザの線なども描けるので、練習してみましょう。

Section 85 直線で単純な図形（クローズパス）を描く

キーワード
- ペンツール
- パスパネル
- クローズパス

ここでは、簡単な直線のクローズパス（P.231）として、三角形の描き方を確認します。基本はクリックで点を作り、最後に始点をクリックすると完成します。完成後はすぐに次の描画を開始できます。

ペンツールで直線のクローズパスを描く

1 ペンツールを選択する

ツールパネルから＜ペン＞ツールをクリックし❶、オプションバーの＜ツールモード＞で＜パス＞を選択します❷。

Hint シェイプを描く

ツールモードで＜シェイプ＞を選択すると、シェイプ（P.230）を描画できます。

2 始点を作る

マウスポインターの形が、描画開始を表す🖋になります。始点をクリックすると❶、アンカーポイントができます。

3 続きの点を作る

オープンパス（P.231）と同様に、クリックして❶、続きの点を作って始点とつなげ、さらにクリックして❷、続きの直線を描きます。ここでは、時計回りに三角形を描いてみましょう。

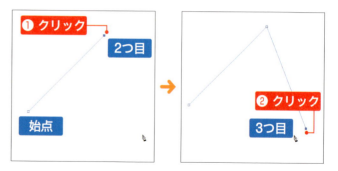

4 描画を終了する

始点にマウスポインターを合わせ、終了を表す形になったことを確認し、クリックして❶、終了します。マウスポインターに注目すると、再び描画開始を表すが表示されるので、先に描いたパスは終了できたことがわかります。

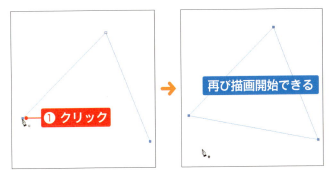

5 直線のクローズパスが描けた

直線のクローズパスが描けました。＜パス＞パネルには、作業用パスができます。

Hint 失敗しても戻れば大丈夫！

失敗してもあわてずに、Ctrl＋Alt＋Zキー（command＋option＋Zキー）を押せば、押した回数分だけ段階を戻ることができます。＜ヒストリー＞パネルを使って戻ってもよいでしょう（P.48）。

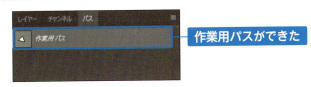

StepUp パスの選択状態に注意しよう

＜パス＞パネルでパスをクリックして選択しただけの場合（❶）と、加えて＜パスコンポーネント選択＞ツール（P.231）でカンバスのパスをクリックして選択した場合（❷）とでは、パスの表示やできることが異なります。❶の場合、パスを選択範囲にしたり（P.110）、パスの境界線を描いたり（P.258）といった、パスを活用した機能は使えますが、パスそのものは移動できません。また、＜パス＞パネルでパスが選択されていない場合、パスはカンバスでも表示されません（❸）。

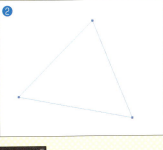

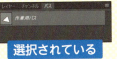

Section

86 曲線を描く

キーワード
- 方向線
- アンカーポイント
- ガイド

ここでは、簡単な曲線のオープンパスの描き方を確認しましょう。曲線は、ドラッグして方向線を出して描くのがポイントです。方向線は、曲線の形状を決める要素なので、直線にはありません。

ペンツールで曲線を描く

1 ペンツールを選択する

ツールパネルから<ペン>ツールをクリックし❶、オプションバーの<ツールモード>で<パス>を選択します❷。

Hint シェイプを描く

ツールモードで<シェイプ>を選択すると、シェイプ(P.230)を描画できます。

2 始点から方向線を出す

描画の目安として、水平のガイドを出しておきます❶。マウスポインターに注目すると、描画開始を表す アイコン が表示されます。ドラッグ(ここでは上方向)すると❷、アンカーポイントが作成され、そこから方向線が出ます。

Hint ガイドを表示するには

メニューバーの<表示>をクリックして<定規>をクリックすると、カンバスの上と左に定規が表示されます。上の定規にマウスポインターを合わせ、下方向へドラッグすると、水平のガイドを作ることができます。垂直のガイドは、左の定規から右方向へドラッグします。

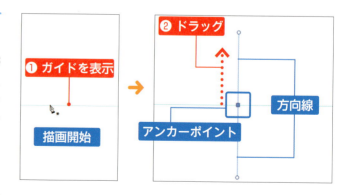

Hint まっすぐ方向線を伸ばす

Shift を押しながらドラッグすると、方向線がまっすぐ伸びます。

3 続きの点から方向線を出す

アンカーポイントを作りたい位置（曲線の終点にしたい位置）から、始点の方向線と逆向き（ここでは下方向）にドラッグします❶。すると、始点と2つ目の点がつながり、曲線ができます。

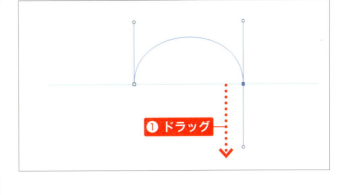

Hint バランスのよい曲線

バランスのよい曲線を描くには、対になるアンカーポイントの位置や、方向線の長さや角度を揃えるのがポイントです。

4 描画を終了する

何もない箇所を Ctrl （ command ）キーを押しながらクリックし❶、描画を終了します。

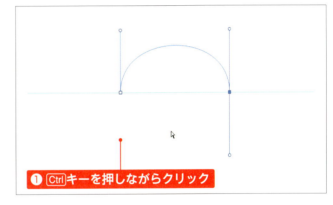

Hint Escキーでも描画を終了できる

Escキーをクリックすると、マウスポインターの位置に関係なく、すぐに描画を終了できます。

5 曲線のオープンパスが描けた

曲線のオープンパスが描けました。

StepUp いろんな曲線を描いてみよう

ここでは、上にドラッグ＋下にドラッグの組み合わせで、上にふくらんだ曲線を描きました。このように、対になるアンカーポイントから出す方向線の向きを逆にすることで、いろいろな曲線が描けます。練習してみましょう。
❶ 下にドラッグ＋上にドラッグ ・・・・・・・・・ 下ふくらみ
❷ 右にドラッグ＋左にドラッグ ・・・・・・・・・ 右ふくらみ
❸ 左にドラッグ＋右にドラッグ ・・・・・・・・・ 左ふくらみ
❹ 上にドラッグ＋下にドラッグを繰り返す ・・・・ 波線

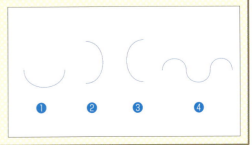

Section

87 直線と曲線の連続した線を描く

キーワード
- ペンツール
- アンカーポイントの切り替え
- 方向線を出す・消す

ここでは、直線と曲線を連続で描く方法について解説します。直線と曲線をつなぎ合わせるアンカーポイントの切り替えがコツです。方向線が必要ならドラッグして出す、不要ならクリックして消します。

ペンツールで直線と曲線の連続した線を描く

1 ペンツールを選択する

ツールパネルから＜ペン＞ツールをクリックし❶、オプションバーの＜ツールモード＞で＜パス＞を選択します❷。

2 直線を描く

P.232を参考に直線を描きます。ここまでは直線なので方向線はありませんが、続きの曲線を描くには、方向線が必要になります。

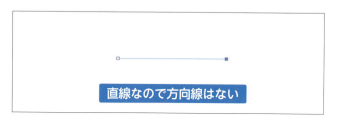

StepUp アンカーポイントの切り替えで、方向線を出すか消すか判断する

手順2でも述べたように直線は方向線が不要ですが、曲線は方向線が必要です。この直線と曲線のアンカーポイントの切り替え時に、方向線を出すか消すかを判断します。直線→曲線の場合、切り替え時にドラッグして方向線を出します。逆に、曲線→直線の場合は、切り替え時にクリックして方向線を消します。この判断が早くなると、スムーズに描けるようになります。

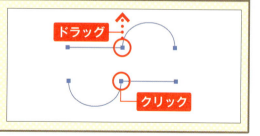

3 アンカーポイントを切り替える

2つ目のアンカーポイントにマウスポインターを合わせると、パスの端点上であることを表す🖋の形になります。このときに[Alt]([option])キーを押すと、アンカーポイントの切り替えを表す🖋になるので、ドラッグ（ここでは上方向）して❶、方向線を出します。

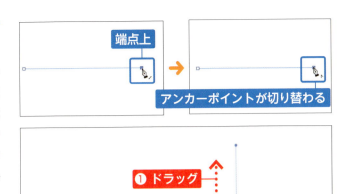

4 続きの曲線を描く

続きの点で手順③の反対の方向にドラッグし、曲線を描きます（P.236）。ここでは下方向にドラッグして❶、何もない箇所を[Ctrl]([command])キーを押しながらクリックし❷、描画を終了します。

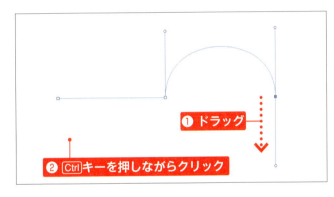

5 直線と曲線の連続が描けた

直線と曲線が連続したオープンパスが描けました。

StepUp いろんな直線と曲線の連続を描いてみよう

ここでは、直線→曲線の連続を描きました。アンカーポイントを切り替えることで、いろんな直線と曲線の連続が描けます。練習してみましょう。
❶ 下ふくらみの曲線→直線
❷ 直線→右ふくらみの曲線
❸ 左ふくらみの曲線→直線

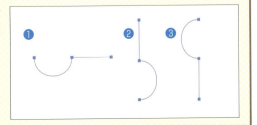

Section

88 曲線と曲線の連続した線を描く

キーワード
- ペンツール
- アンカーポイントの切り替え
- 方向線の向きを変える

ここでは、同じ方向へふくらんだ、連続した曲線を描きましょう。波のような曲線と異なり、曲線同士をつなぎ合わせるアンカーポイントの切り替えに、ちょっとしたコツが必要です。目的の曲線になるように、方向線の向きを変えます。

ペンツールで同じ方向にふくらんだ曲線の連続した線を描く

1 ペンツールを選択する

ツールパネルから＜ペン＞ツールをクリックし❶、オプションバーの＜ツールモード＞で＜パス＞を選択します❷。

2 曲線を描く

P.236を参考にドラッグして曲線を描きます❶❷。ここで描いた曲線は、上ふくらみ（上ドラッグ+下ドラッグ）なので、連続して同じ曲線を描くには、続く曲線も上向きに伸びる方向線からはじまる必要があります。しかし、現状では、下向きに伸びる方向線で終わっています。

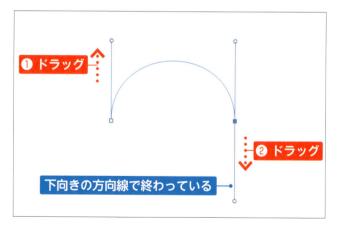

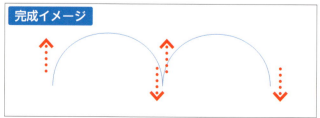

3 アンカーポイントを切り替える

2つ目のアンカーポイントにマウスカーソルを合わせると、パスの端点上であることを表す形になります。このとき Alt (option) キーを押すと、アンカーポイントの切り替えを表すになるので、ドラッグして❶、方向線の向きを変えます。

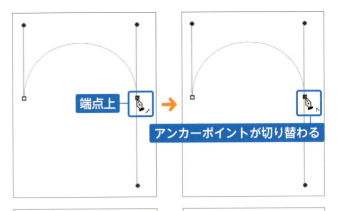

Hint パスを再度選択するには

作業の途中でパスの選択が解除された場合は、＜パス選択＞ツールをクリックしてパスをクリックすれば、アンカーポイントや方向線を再度選択できます。

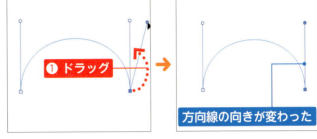

4 続きの曲線を描く

続きの点で手順2と同様にドラッグして続きの曲線を描きます。ここでは下方向にドラッグして❶、何もない箇所を Ctrl (command) キーを押しながらクリックし、描画を終了します❷。

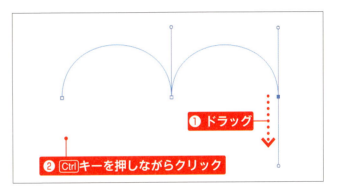

5 曲線の連続が描けた

同じ方向へふくらんだ曲線が連続したオープンパスが描けました。

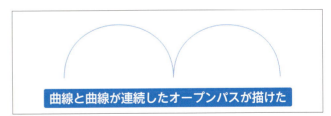

StepUp いろんな曲線と曲線の連続を描いてみよう

いろんな曲線と曲線の連続を描いてみましょう。
❶ 下ふくらみの曲線と曲線の連続
❷ 右ふくらみの曲線と曲線の連続
❸ 左ふくらみの曲線と曲線の連続

Chapter 10 シェイプとパスで自在に描画しよう

Section 89 アンカーポイントを追加・削除する

キーワード
▶ アンカーポイントの追加ツール
▶ アンカーポイントの削除ツール
▶ 自動追加・削除

パスを構成するアンカーポイントは、描画した後に追加したり削除したりできます。アンカーポイントを追加したり削除したりすることで、パスの形状を柔軟に変えることができます。

アンカーポイントの追加ツールでアンカーポイントを追加する

1 ツールを選択する

ツールパネルから<ペン>ツールを長押しし❶、<アンカーポイントの追加>ツールをクリックします❷。

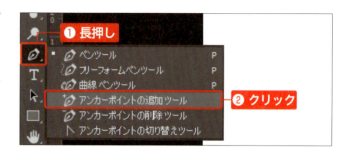

2 アンカーポイントを追加する

<パス>パネルでパスをクリックして選択し❶、パスのセグメント上をクリックします❷。

3 アンカーポイントが追加できた

方向線を持つスムーズポイント(P.244)が追加されます。<パス選択>ツールで追加したアンカーポイントを上下にドラッグすると❶、曲線になります。

アンカーポイントの削除ツールでアンカーポイントを削除する

1 ツールを選択する

ツールパネルから＜ペン＞ツールを長押しし❶、＜アンカーポイントの削除＞ツールをクリックします❷。

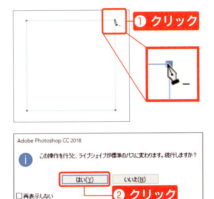

2 アンカーポイントを削除する

アンカーポイントが未選択の場合、マウスポインターが＜パス選択＞ツールのアイコンになるので、まずアンカーポイントをクリックして選択し、に変わったらクリックします❶。標準のパスに変換される旨のダイアログボックスが表示された場合は、＜はい＞をクリックして❷、進めます。

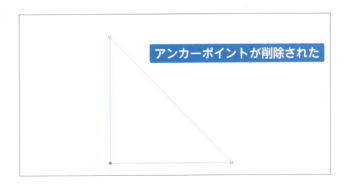

3 アンカーポイントが削除された

アンカーポイントが削除され、四角形が三角形になりました。クローズパス（P.231）の場合、削除したアンカーポイントと隣り合うアンカーポイント同士が連結したクローズパスになります。

StepUp　ペンツールを使ったアンカーポイントの自動追加・削除

＜ペン＞ツールのオプションバーの＜自動追加・削除＞にチェックを入れると、アンカーポイントやセグメントの上にマウスポインターを合わせたとき、自動でアンカーポイントを追加したり、削除したりするモードに切り替わります。この機能を使えば、＜ペン＞ツールで描画している途中、ツールを切り替えずに、アンカーポイントを追加したり削除できるので、効率的です。

Section 90 アンカーポイントを切り替える

キーワード
- アンカーポイントの切り替えツール
- スムーズポイント
- コーナーポイント

アンカーポイントには、スムーズポイントとコーナーポイントの2種類があります。パスを描画した後も、＜アンカーポイントの切り替え＞ツールで2種類のポイントを切り替えて、パスの形状を柔軟に変えることができます。

スムーズポイントとコーナーポイント

パスを構成するアンカーポイントには、スムーズポイントとコーナーポイントの2種類があります。**スムーズポイント**は、方向線があり、アンカーポイントから出ている両端の方向線は、下図のように連動します。一方、**コーナーポイント**には、方向線があるものとないものがあります。方向線があるものは、アンカーポイントから出ている両端の方向線は、別々に動きます。

スムーズポイントとコーナーポイントは、パスの描画後も、**＜アンカーポイントの切り替え＞ツール**で切り替えることができます。アンカーポイントを切り替えることで、パスの形状を柔軟に変えることができます。

次ページで、楕円形のパスの構造を見てみましょ

う。楕円形の上部のアンカーポイントを＜パス選択＞ツールでクリックすると、方向線が表示されます。方向線の先にある**方向点**をドラッグすると、アンカーポイントから出ている両端の方向線が一緒に動くことから、このアンカーポイントは、スムーズポイントであることがわかります。このスムーズポイントを＜アンカーポイントの切り替え＞ツールでクリックすると、方向線がないコーナーポイントになります（P.245の手順3）。逆にコーナーポイントをドラッグすると、方向線が出てスムーズコーナーポイントになります（P.246のHint）。また、スムーズポイントの片側の方向線の方向点をドラッグすると、両端の方向線が別々に動くコーナーポイントになります（P.246の手順5）。

アンカーポイントの切り替えツールでアンカーポイントを切り替える

1 ツールを選択する

ツールパネルから＜ペン＞ツールを長押しし❶、＜アンカーポイントの切り替え＞ツールをクリックします❷。

2 パスの構造を確認する

マウスポインターが＜パス選択＞ツールのアイコンになるので、＜パス＞パネルでパス（ここでは正円）をクリックして選択した状態で❶、パスを囲むようにドラッグして❷、パスを選択します。正円は4つのアンカーポイントで構成されており、すべてのアンカーポイントはスムーズポイントです。

> **Hint ＜パス＞パネルでの選択状態**
> ＜パス＞パネルでパスが選択されていないと、画面上でパスが表示されないので注意しましょう。

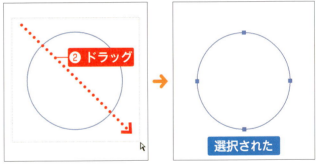

3 スムーズポイントをコーナーポイントにする

下部のアンカーポイント上にマウスポインターを合わせ、に変わったらクリックします❶。すると、方向線がないコーナーポイントになります。

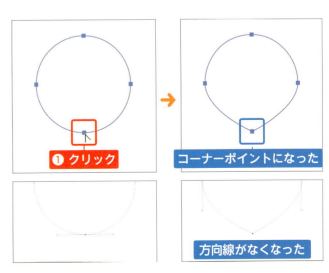

245

4 上部のスムーズポイントを選択する

何もないところをクリックして、パスの選択を解除した状態で、上部のアンカーポイント付近を囲むようにドラッグします❶。すると、アンカーポイントが選択され、方向線が表示されます。

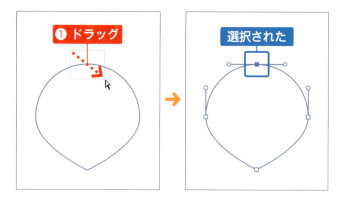

5 上部のスムーズポイントをコーナーポイントにする

上部のアンカーポイントから出ている方向線の先にある方向点の上にマウスポインターを合わせ、▷に変わったら斜め上にドラッグします❶。すると、方向線が別々に動くコーナーポイントになります。

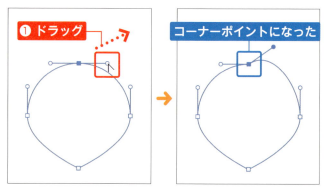

6 もう片方の方向線も調整する

同様に、もう片方の方向線も、左右対称になるように斜め上にドラッグします❶。すると、ハートの形に近づいてきました。

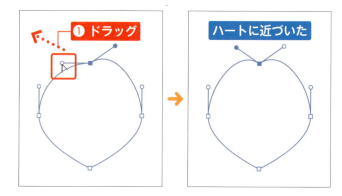

Hint コーナーポイントをスムーズポイントにする

ここでは、＜アンカーポイントの切り替えツール＞を使って、スムーズポイントをコーナーポイントに切り替える方法について解説していますが、逆に、コーナーポイントをスムーズポイントに切り替えることもできます。
例えば、菱形は4つのアンカーポイントで構成されていますが、すべて方向線がないコーナーポイントです。これらのアンカーポイントの上にマウスポインターを合わせ、▷に変わったらドラッグすると、スムーズポイントになります。

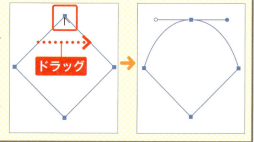

パス選択ツールでパスの形を整える

1 パス選択ツールを選択する

ツールパネルから＜パスコンポーネント選択＞ツールを長押しし①、＜パス選択＞ツールをクリックします②。

2 アンカーポイントの位置を調整する

上部のアンカーポイントが選択された状態で、↓キーを押すと、アンカーポイントが下がります。下げ過ぎたら、↑キーを押してアンカーポイントを上げます。好みのバランスになるように調整します①。

> **Hint 矢印キーの移動値**
> 矢印キーを1回押すごとに、1px動きます。たくさん動かしたい場合は、Shiftキーと矢印キーを組み合わせると10px動きます。

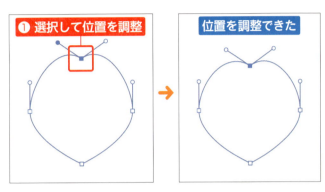

3 方向線の角度を調整する

左右のアンカーポイントから出ている方向線の先の方向点を斜めにドラッグして①、方向線の角度を調整します。左右対称にすると、バランスがよいハートになります。

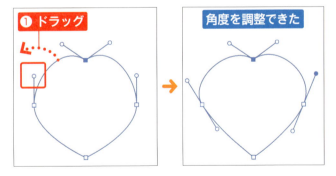

4 全体のバランスを整えて仕上げる

上部および左右のアンカーポイントの位置と方向線の角度・長さを調整して、ハートの形に仕上げます。ハートを構成するアンカーポイントや方向線のバランスを変えると、さまざまなハートができます。

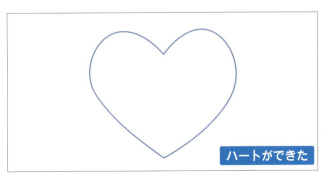

Section 91 カスタムシェイプを定義する

キーワード
- カスタムシェイプを定義
- カスタムシェイプツール
- 長方形ツール

描画したシェイプを、カスタムシェイプとして定義（設定として保存すること）すると、＜カスタムシェイプ＞ツールを使って、オリジナルのパスやシェイプ、ピクセルとして活用することができます。

カスタムシェイプを定義する

1 定義用のシェイプを準備する

塗りは黒にして、シェイプを描き、＜パスコンポーネント選択＞ツールでシェイプを選択します。

Hint オープンパスにならないよう注意

オープンパスは、定義時（手順2）にクローズパスと認識され意図しないシェイプになる場合があるので、クローズパスになるように描画しましょう。

2 カスタムシェイプを定義する

メニューバーから＜編集＞をクリックし❶、＜カスタムシェイプを定義＞をクリックします❷。

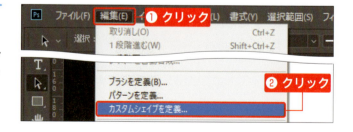

3 シェイプ名を付ける

＜シェイプの名前＞ダイアログボックスが表示されるので、＜シェイプ＞名に名前を入力し❶、＜OK＞をクリックします❷。これで、カスタムシェイプを定義できました。

カスタムシェイプを読み込む

1 ツールを選択する

ツールパネルから＜長方形＞ツールを長押しし❶、＜カスタムシェイプ＞ツールをクリックします❷。

2 シェイプの色を設定する

ここでは、シェイプを描いてみましょう。オプションバーの＜ツールモード＞で＜シェイプ＞を選択し❶、シェイプの塗りの色（ここでは「RGBレッド」）を設定します❷。

> **Hint カスタムシェイプの活用**
>
> ＜ツールモード＞でシェイプ・パス・ピクセルのどれを選択していても、＜シェイプ＞から定義したカスタムシェイプを選択でき、パスやピクセルの作成もできます。

3 シェイプを選択する

＜シェイプ＞をクリックして❶、カスタムシェイプピッカーを表示します。末尾にある定義したシェイプをクリックします❷。

4 シェイプが描けた

画面上をドラッグして、シェイプの大きさを調整します。Shiftキーを押しながらドラッグすると❶、縦横比を固定してシェイプが描けます。

Section

92 パターンを定義して模様を作る

キーワード
- パターンを定義
- 塗りつぶしレイヤー
- シェイプ

パターン（模様）の元となるタイルを定義すると、塗りつぶしレイヤーなどのパターンが使える機能を使って、パターンとして活用することができます。ここでは、シェイプを使って、オリジナルのパターンを作ってみましょう。

定義用ファイルを作り、基本のシェイプを中心に描く

1 定義用ファイルを作成する

メニューバーの＜ファイル＞をクリックし❶、＜新規＞をクリックします❷。

Memo パターンとは

パターンは、サイズの小さな画像を、タイルを敷き詰めるように繰り返し並べることできる模様のことです。基準となる画像（タイル）を作っておけば、塗りつぶしレイヤー（P.170）を使って模様を作ることができます。

2 定義用ファイルを設定する

＜新規ドキュメント＞ダイアログボックスが表示されるので、ドキュメントの種類を選択します。ここでは＜Web＞をクリックします❶。ファイル名（ここでは「パターン定義用」）を入力します❷。

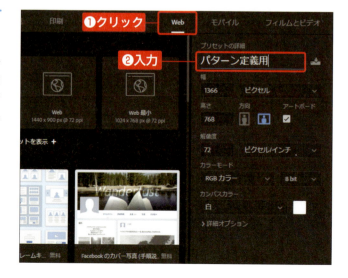

3 サイズとカラーを設定する

＜幅＞＜高さ＞に数値を入力し❶、アートボードのチェックを外します❷。解像度は＜72ピクセル/インチ＞、カラーモードは＜RGBカラー＞になっていることを確認します。カンバスカラーとカラープロファイルを設定し❸、＜作成＞をクリックすると❹、ファイルが作成されます。

幅	100px
高さ	100px
アートボード	オフ
カンバスカラー	透明
カラープロファイル	作業用RGB

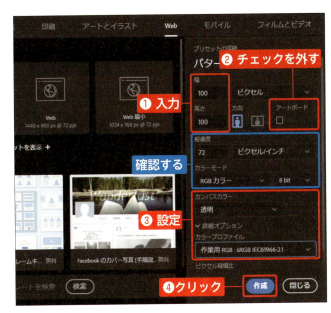

Hint カンバスを透明にする

カンバスカラーを透明にしておけば、模様になる部分以外は透明になります。模様の背景となる色を、塗りつぶしレイヤー（P.170）を作成して下に重ねると、色違いのバリエーションを検討しやすくなります。

4 ツールを選択する

ツールパネルから＜長方形＞ツールを長押しし❶、＜カスタムシェイプ＞ツールをクリックします❷。

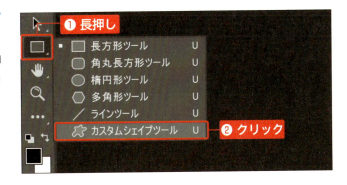

5 シェイプの色を設定する

オプションバーの＜ツールモード＞で＜シェイプ＞を選択し❶、シェイプの色（ここでは「パステルマゼンタ」）を設定します❷。

Chapter 10 シェイプとパスで自在に描画しよう

251

6 シェイプを読み込む

＜シェイプ＞の ⌄ をクリックして❶、カスタムシェイプピッカーを表示し、⚙ をクリックします❷。

7 シェイプを追加する

メニューからシェイプカテゴリ（ここでは「自然」）をクリックします❶。ダイアログボックスが表示されるので、＜追加＞をクリックし❷、シェイプを追加します。

Hint 追加とOKの違い

ダイアログボックスで＜OK＞をクリックすると、既存のシェイプと置き換わります。必要に応じて使い分けましょう。

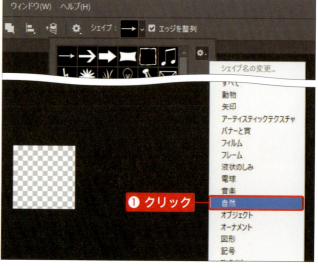

8 シェイプを描く

追加されたシェイプのリストからシェイプ（ここでは「花7」）を選択し❶、Shiftキーを押しながらドラッグして❷、シェイプを描きます。このときは、正確に中央に描かなくてもかまいません。

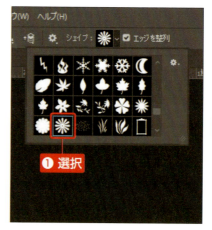

シェイプが描けた

9 シェイプを中央に整列する

シェイプが選択された状態で、オプションバーの＜パスの整列＞をクリックします❶。メニューが表示されるので、＜カンバスに揃える＞をクリックします❷。

10 シェイプを中央に整列する

再度オプションバーの＜パスの整列＞をクリックし❶、＜水平方向中央＞をクリックします❷。もう一度＜パスの整列＞をクリックして、＜垂直方向中央＞をクリックします❸。

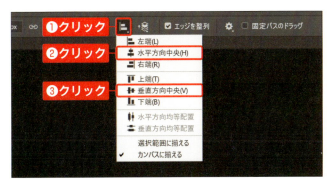

11 シェイプが中央になった

シェイプがカンバスに対して中央に揃いました。

シェイプを四隅にも作り、パターンの基準（タイル）を完成させる

1 シェイプレイヤーをコピーする

レイヤーパネルを表示します。P.252で作成したシェイプレイヤーを＜新規レイヤーを作成＞の上にドラッグ＆ドロップして❶、コピーします。

 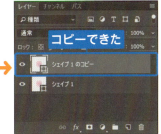

2 フィルターを選択する

コピーレイヤーを選択した状態で、＜フィルター＞メニューをクリックし①、＜その他＞→＜スクロール＞をクリックします②。ダイアログボックスが表示されたら、＜スマートオブジェクトに変換＞をクリックします③。

3 シェイプを四隅に作る

＜スクロール＞ダイアログボックスで、水平方向と垂直方向ともに、ファイルの一辺の半分（ここでは「50」）を入力します①。＜未定義領域＞で＜ラップアラウンド（巻き戻す）＞をクリックし②、＜OK＞をクリックします③。

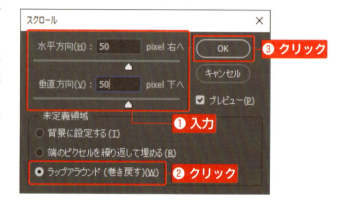

4 シェイプが四隅にできた

シェイプが四隅にできました。2つのシェイプレイヤーを組み合わせて、パターンの基準となるタイルが完成しました。

パターンを定義する

1 パターンを定義する

メニューバーから＜編集＞をクリックし①、＜パターンを定義＞をクリックします②。

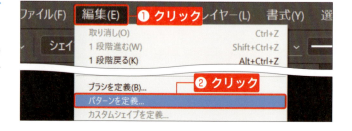

2 パターン名を付ける

<パターン名>ダイアログボックスで、<パターン名>にパターンの名前（ここでは「flower」）を入力し❶、<OK>をクリックします❷。これで、パターンを定義できました。

塗りつぶしレイヤー（パターン）を使って、仕上がりを確認する

1 塗りつぶしレイヤーを選択する

任意のファイルを開くか、新規ファイルを作成します。<レイヤー>パネルの<塗りつぶしまたは調整レイヤーを新規作成>をクリックし❶、表示される一覧から、<パターン>をクリックします❷。

2 塗りつぶしレイヤーができた

<レイヤー>パネルに塗りつぶしレイヤーができます。<パターンで塗りつぶし>ダイアログボックスのをクリックします❶。

3 パターンで塗りつぶされた

パターンピッカーが表示されるので、定義したパターンをクリックします❶。<OK>をクリックすると❷、定義したパターンを使って、レイヤーを塗りつぶせました。

Section 93 | Illustratorのパスを活用する

キーワード
- ペースト形式
- パス
- シェイプ

Illustratorで描画したパスを、コピー&ペーストでPhotoshopに持ち込むことができます。ペースト形式により、パス、シェイプ、ピクセル、スマートオブジェクトといった活用方法を選び分けることができます。

Illustrator側でパスをコピーし、Photoshop側でペーストする

1 パスをコピーする

Illustratorでドキュメントを開き、コピーしたいパスを選択します❶。メニューバーから<編集>をクリックし❷、<コピー>をクリックして❸、コピーします。

2 パスをペーストする

Photoshopに切り替え、メニューバーから<編集>をクリックし❶、<ペースト>をクリックします❷。

3 ペースト形式を選択する

<ペースト>ダイアログボックスが表示されます。任意のペースト形式(ここでは「スマートオブジェクト」)を選択し❶、<OK>をクリックします❷。

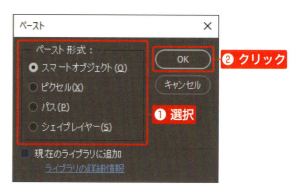

> **Hint 現在のライブラリに追加**
>
> <現在のライブラリに追加>にチェックを入れると、<ライブラリ>パネルに追加し、Adobe Creative Cloudの各アプリケーション間で利用できるようになります。

4 未確定の状態でペーストされる

ペースト直後は、バウンディングボックスが表示され、未確定の状態です。必要に応じてバウンディングボックス(P.127)を使って変形します。

バウンディングボックスが表示されている

5 ペーストできた

オプションバーの ○ をクリックして❶、確定すると、指定したペースト形式で、Illustratorで描画したパスをペーストできます。

❶ クリック

ペーストできた

 さまざまなペースト形式

Photoshop側でペーストする際、用途に応じて、ペースト形式を選択しましょう。

❶ スマートオブジェクト
スマートオブジェクト(P.178)として使用したい場合に選択します。<レイヤー>パネルにベクトルスマートオブジェクトができます。レイヤーのサムネイルをダブルクリックすると、Illustratorが立ち上がり、ひもづいているドキュメントが開きます。Illustrator側で元データを編集し、保存して閉じると、Photoshop側で更新されます。

❷ ピクセル
ビットマップ画像として使用したい場合に選択します。選択中のレイヤーにペーストされます。解像度に依存し、形や色の変更は柔軟にできません。

❸ パス
輪郭線のみを使用したい場合に選択します。ペースト後、<パス>パネルに作業用パスができます。

❹ シェイプレイヤー
塗りと線がある図形として使用したい場合に選択します。ペースト後、<レイヤー>パネルにシェイプレイヤーが、<パス>パネルにシェイプパスができます。ペースト後は、Illustratorでオブジェクトに設定した色ではなく、Photoshopの描画色が使用され、Photoshopで色の変更もできます。

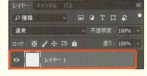

Section 94 パスの境界線を描く

キーワード
- カスタムシェイプツール
- パス
- ブラシツール

<ブラシ>ツールなどのタッチを使うことでも、パスの境界線を描くことができます。パス単体だと、はっきりとした輪郭線ですが、ペイント系ツールのタッチを組み合わせることで、ユニークな表現ができます。

原型となるパスを描く

1 ツールを選択する

ツールパネルから<長方形>ツールを長押しし❶、<カスタムシェイプ>ツールをクリックします❷。

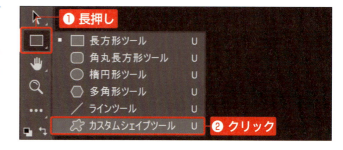

2 オプションバーで設定する

オプションバーの<ツールモード>で<パス>を選択し❶、シェイプ(ここでは「フレーム7」)をクリックします❷。

Hint さまざまなパスの形

パスを描く場合も、カスタムシェイプを活用できます。カスタムシェイプを読み込む方法については、P.249を参照してください。

3 パスを描く

[Shift]キーを押しながらドラッグして❶、パスを描きます。<パス>パネルに作業用パスができます。

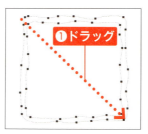

パスが描けた

パスの境界線を描く

1 新規レイヤーを作成する

[Alt]([option])キーを押しながら<レイヤー>パネル下部の<新規レイヤーを作成>🗐をクリックします❶。

2 レイヤー名を入力する

<新規レイヤー>ダイアログボックスが表示されるので、レイヤー名（ここでは「描画用」）を入力し❶、<OK>をクリックします❷。

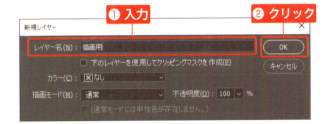

3 ブラシツールの設定をする

ツールパネルから<ブラシ>ツールをクリックして❶、オプションバーの⌄をクリックし❷、P.218～221で作成した<星カスタマイズ>をクリックします❸。⌄をクリックしてブラシプリセットピッカーを閉じたら、ブラシの色（ここでは「RGBイエロー」）を設定をします❹。

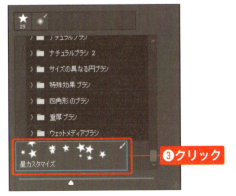

4 パスの境界線を描く

<パス>パネルでパスをクリックし❶、[Alt]([option])キーを押しながら、<ブラシでパスの境界線を描く>◯をクリックします❷。<パスの境界線を描く>ダイアログボックスの<ツール>で<ブラシ>を選択し❸、<OK>をクリックします❹。

Hint ダイアログボックスを表示する

[Alt]([option])キーを押しながら<ブラシでパスの境界線を描く>をクリックすると、ダイアログボックスを表示して、パスの境界線を描くツールを選択することができます。

5 パスの境界線が描けた

新規で作成したレイヤー上に、選択したツールのタッチを使って、パスの境界線が描けました。ブラシの形や色によっては、描画用レイヤーの直下に塗りつぶしレイヤーを作ると、結果がわかりやすくなります。

Hint 塗りつぶしレイヤーの作成

P.170を参考にして、塗りつぶしレイヤーを作成してみましょう。塗りつぶしカラーを設定するとき、RGBの値をすべて0にすると、黒になります。

Chapter 11

文字の入力・編集を
マスターしよう

ここでは、文字の入力と編集について
確認します。文字を入力すると、テキ
ストレイヤーができます。文字の入力
方法や、文字や段落の設定方法を理
解すると、効率よく文字を入力・編集
できます。

Section 95

文字の入力方法を確認する

キーワード
- ポイントテキスト
- 段落テキスト
- パス上テキスト

文字系のツールには、＜文字＞ツールと＜文字マスク＞ツールがあり、それぞれに横書き用と縦書き用があります。通常の文字入力では＜文字＞ツールを使います。入力方法を使い分けると、効率良く文字を入力できます。

文字ツールと文字マスクツール

文字系のツールには、＜文字＞ツールと＜文字マスク＞ツールがあり、それぞれに横書きと縦書きがあります。**＜文字＞ツール**には、ポイントテキスト、段落テキスト（エリア内テキスト）、パス上テキストの3つの入力方法があり、文字を入力すると、＜レイヤー＞パネルにテキストレイヤーが作成されます。＜文字マスク＞ツールは、入力した文字の形の選択範囲を作るツールで、新たにレイヤーは作成されません。

＜文字＞ツールと＜文字マスク＞ツール

＜文字＞ツールで入力した文字

＜文字マスク＞ツールで入力した文字

レイヤーが作成される

ポイントテキスト

ポイントテキストは、＜文字＞ツールで**クリック**し、ポインターが点滅したら、文字を入力する方法です。改行しない限り、文字が横（縦）に流れ続けるので、長文には向きません。タイトルや見出しなどの短文の入力に向いています。

クリックすると、ポインターが点滅する

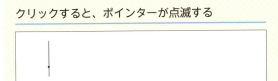

改行しない限り、文字は流れ続ける

段落テキスト（エリア内テキスト）

段落テキストは、＜文字＞ツールで**ドラッグ**し、テキストエリア内にポインターが点滅したら、文字を入力する方法です。テキストエリアの端まで文字が流れると、自動的に次の行に折り返します。長文の入力に向いています。

ドラッグすると、テキストエリア内にポインターが点滅する

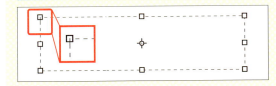

自動的に行を折り返すので、長文入力向き

パス上テキスト

パス上テキストは、事前に作成したパス（P.230）の上を、＜文字＞ツールでクリックし、ポインターが点滅したら、文字を入力する方法です。文字に動きを付けたい場合など、おもしろい表現ができます。

パス上をクリックすると、ポインターが点滅する

パスに沿って文字が流れる

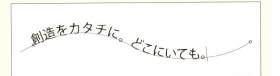

Section

96 文字を設定する

キーワード
- 横書き文字ツール
- フォントスタイル
- テキストレイヤー

ここでは、タイトルや見出しなど短文の入力に向いたポイントテキスト（P.263）を入力し、基本的な文字の設定を見てみましょう。

横書き文字ツールでポイントテキストを入力する

1 横書き文字ツールを選択する

ツールパネルから＜横書き文字＞ツールをクリックします❶。

2 フォントを設定する

オプションバーでフォントを選択します。∨をクリックし❶、フォント一覧を表示します。フォント名をクリックすると、フォントが設定されます。ここではフォント（「Arial」）に複数のスタイルがあるので、左横の＞をクリックします❷。

3 フォントスタイルを設定する

フォント名の下にフォントスタイルが表示されるので、目的のフォントスタイル（ここでは「Black」）をクリックします❶。

Hint フォントスタイル

フォントスタイルとは、同一フォントの中の太さやデザインなどのバリエーションのことです。1種類のフォントで、フォントスタイルを使い分ければ、統一感もありながら、メリハリを付けることができます。

4 フォントサイズを設定する

フォントサイズを設定します。　をクリックし❶、フォントサイズ一覧を表示します。フォントサイズ（ここでは「24pt」）をクリックします❷。直接数値ボックスにフォントサイズを入力することもできます。

5 フォントカラーを設定する

カラーボックスをクリックし❶、カラーピッカー（P.214）を表示して、カラーを設定します❷。

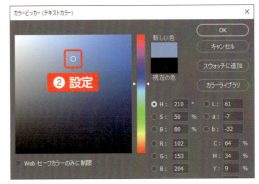

6 クリックして文字を入力する

画面上をクリックして❶、ポインターが点滅したら、文字を入力します❷。入力が完了したら をクリックし❸、確定します。

7 入力できた

＜レイヤー＞パネルに、テキストレイヤーができました。

8 文字の編集をする

＜文字＞ツールを選択しているかどうかに関わらず、テキストレイヤーのサムネールをダブルクリックすると、編集モードになり、オプションバーで設定を変更できます。

Section 97 段落を設定する

キーワード
- 横書き文字ツール
- 段落テキスト
- 段落パネル

段落の設定は、オプションバーでもできますが、<段落>パネルを使うと、より詳細な設定ができます。ここでは、長文の入力に向いている段落テキスト（P.263）を入力し、基本的な段落の設定を見てみましょう。

横書き文字ツールで段落テキストを入力する

1 横書き文字ツールを選択する

ツールパネルから<横書き文字>ツールをクリックします❶。

2 基本属性を設定する

オプションバーでフォント、フォントスタイル、フォントサイズ、フォントカラーの設定をします（P.264～265）。

フォント	小塚ゴシック Pr6N
フォントスタイル	R
フォントサイズ	18pt
フォントカラー	黒

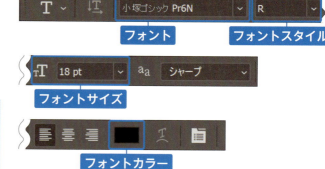

3 ドラッグして文字を入力する

ドラッグして❶、テキストエリア内のポインターが点滅したら、文字を入力します❷。

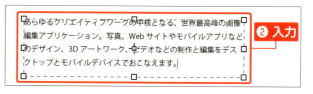

4 段落テキストが入力できた

＜移動＞ツール（P.126）を選択し、入力を確定します。＜レイヤー＞パネルに、テキストレイヤーができました。

5 段落パネルを表示する

テキストエリアの右端ががたついて見える場合は、行揃えを見直しましょう。テキストレイヤーのサムネールをダブルクリックし❶、編集モードにします。＜文字パネルと段落パネルを切り替え＞ボタン■をクリックし❷、＜段落＞パネルを表示します。

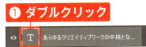

Hint オプションバーの行揃え

行の揃え方には7種類ありますが、オプションバーの行揃えは、左揃え、中央揃え、右揃えの3種類のみ表示されています。

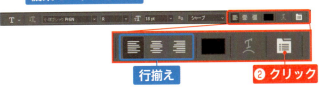

6 均等配置（最終行左揃え）にする

＜文字＞パネルが表示されたら、＜段落＞パネルのタブをクリックして❶、＜段落＞パネルを前面にします。行揃えの中から、＜均等配置（最終行左揃え）＞をクリックします❷。

Hint 文字パネルと段落パネル

＜文字＞パネルと＜段落＞パネルを使うと、オプションバーだけではできない文字や段落に関する詳細な設定ができます。

7 がたつきがなくなった

○をクリックして確定し❶、仕上がりを確認します。テキストエリアの両端でテキストが揃って右端のがたつきがなくなり、整えることができました。

Chapter 11 文字の入力・編集をマスターしよう

267

Section

98 文字にワープをかける

キーワード
- 横書き文字ツール
- ワープテキスト
- カーブ

ワープとは、円弧や旗状などに変形することです。Photoshopでは＜ワープテキストを作成＞の機能を使って、文字にワープをかけて、動きを出すことができます。確定後も、ワープの形を変更したり、元に戻すことができます。

横書き文字ツールでポイントテキストを入力し、ワープをかける

1 横書き文字ツールを選択する

ツールパネルから＜横書き文字＞ツールをクリックします❶。

2 基本属性を設定する

オプションバーでフォント、フォントスタイル、フォントサイズ、フォントカラーの設定をします（P.264～265）。

フォント	Arial
フォントスタイル	Black
フォントサイズ	24pt
フォントカラー	黒

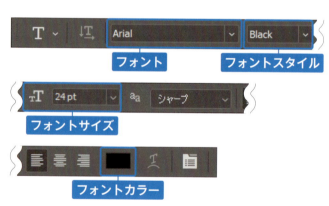

3 ポイントテキストを入力する

クリックして❶、ポインターが点滅したら、文字を入力します❷。

4 ワープの形を選択する

文字の入力中に、オプションバーの<ワープテキストを作成> をクリックし❶、<ワープテキスト>ダイアログボックスを表示します。<スタイル>の をクリックし❷、リストからワープの形（ここでは「円弧」）をクリックします❸。

> **Hint ワープテキストを作成**
>
> <ワープテキストを作成>は、文字を入力しないと、選択できません。

5 カーブの方向と度合いを決める

カーブの方向（ここでは「水平方向」）を選択し❶、<カーブ>で度合い（ここでは「20%」）を調整します❷。<OK>をクリックして❸、ダイアログボックスを閉じ、 をクリックして❹、確定します。

> **Hint 水平方向・垂直方向のゆがみ**
>
> <水平方向のゆがみ><垂直方向のゆがみ>では、ワープをゆがませることができます。<水平方向のゆがみ>では、左か右のいずれかに、<垂直方向のゆがみ>では、上か下のいずれかにワープを偏らせます。

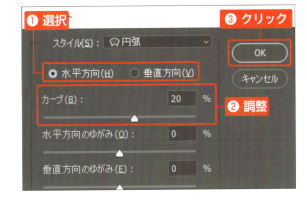

6 文字にワープがかかった

文字にワープがかかりました。テキストレイヤーのサムネールが、ワープテキストのアイコンに変わります。

> **Hint ワープなしの文字に戻す**
>
> ワープがかかっていない文字に戻すには、編集モードにして、<ワープテキスト>ダイアログボックスの<スタイル>で<なし>を選択します。

文字にワープがかかった

Section

99 文字を画像化する

キーワード
- ラスタライズ
- テキストレイヤー
- 画像レイヤー

テキストレイヤーは、ペイント系のツールで編集したり、フィルター（P.182）をかけたりできないほか、使用フォントがないと、エラーの元になります。こういった問題は、ラスタライズ（画像化）することで解消できます。

テキストレイヤーをラスタライズ（画像化）する

1 文字の状態を確認する

文字を入力すると、＜レイヤー＞パネルにはテキストレイヤーが作成され、オプションバーでフォントなどの文字の設定ができます。

2 テキストをラスタライズする

メニューバーから＜レイヤー＞をクリックし❶、＜ラスタライズ＞から＜テキスト＞をクリックします❷。

Hint ラスタライズ

ラスタライズとは、元の情報をなくし、画像化することです。ここでは、テキストレイヤーをラスタライズして文字情報をなくしましたが、そのほかにも、スマートオブジェクト（P.138）など、ラスタライズするとペイント系のツールで編集できるようになるものがあります。

3 文字が画像になった

テキストレイヤーがラスタライズされ、画像レイヤーになりました。

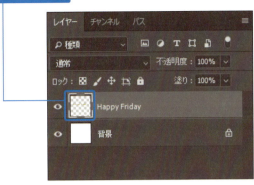

画像レイヤーになった

Hint レイヤーのサムネールに注目

レイヤーのサムネールに注目すると、そのレイヤーの役割が把握しやすくなります。テキストレイヤーのサムネールと、ラスタライズ後の画像レイヤーのサムネールを比較してみましょう。

Hint ラスタライズ時の注意点

ラスタライズ後も、＜ヒストリー＞パネル(P.48)で一定の手順前に戻すことはできますが、ファイルを保存して閉じると、元に戻すことができなくなります。文字を編集する場合は、テキストレイヤーのコピーをとっておきましょう。

StepUp テキストレイヤーを元にした作業用パスの作成やシェイプへの変換

テキストレイヤーは、ラスタライズして画像にするほか、作業用パス(P.110)を作成したり、シェイプ(P.230)に変換できます。
作業用パスを作成するには、メニューバーから＜書式＞をクリックし、＜作業用パスを作成＞❶をクリックします。＜パス＞パネルに作業用パスができますが、テキストレイヤーは残ります。
シェイプに変換するには、メニューバーから＜書式＞をクリックし、＜シェイプに変換＞❷をクリックします。＜パス＞パネルにシェイプができ、テキストレイヤーはシェイプレイヤーに変換されます。
また、手順で解説したラスタライズですが、メニューバーから＜書式＞をクリックし、＜テキストレイヤーをラスタライズ＞❸をクリックすることでも行えます。
ただし、画像やシェイプに変換すると、文字の元情報はなくなりますので、注意してください。後で編集する場合に備えて、テキストレイヤーのコピーを残しておくといいでしょう。

Chapter 11 文字の入力・編集をマスターしよう

StepUp 入力後の文字を編集する

■テキストの編集

文字を入力すると、テキストレイヤー(P.117)が作成されます。テキストを編集するには、どのレイヤーが選択されているかに関わらず、テキストレイヤーのサムネールをダブルクリックすれば、＜文字＞ツールに切り替わってテキストの編集モードになり、オプションバーで文字関連の設定ができます(P.264)。

この方法以外に、テキストレイヤーが選択された状態であれば、＜文字＞パネルや＜段落＞パネルで設定することもできます。＜文字＞パネルや＜段落＞パネルは、＜文字＞ツールを選択時のオプションバーよりも設定が多いため、より詳細な編集ができます。

簡単な編集はオプションバーで、詳細な編集はパネルで、というように使い分けましょう。

■ポイントテキストと段落テキストの切り替え

入力する文字の長さによって、ポイントテキスト(P.263)と段落テキスト(P.263)を使い分けることができますが、文字を入力後も、両者は変更することができます。

ポイントテキストを段落テキストに変更するには、テキストレイヤーが選択された状態で、メニューバーから＜書式＞をクリックし❶、＜段落テキストに変換＞をクリックします❷。逆に、段落テキストをポイントテキストに変更するには、メニューバーから＜書式＞をクリックし❸、＜ポイントテキストに変換＞をクリックします❹。

ポイントテキストと段落テキストの違いは、テキストレイヤーが選択された状態で、バウンディングボックス(P.127)を表示するとわかりやすいです。段落テキストのほうが、テキストエリアがある分、バウンディングボックスで囲まれる範囲が大きいことがわかります。そのため、短文のテキストは扱いにくくなるため、シンプルにポイントテキストで入力するほうが作業しやすいのでおすすめです。

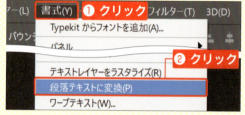

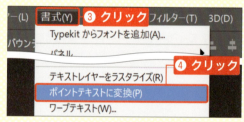

ポイントテキスト

段落テキスト

Chapter 12

総合演習

本書のまとめとして、総合演習をしましょう。ここでは、Web用素材の一例として、バナーを作成します。Web用素材を作成する際の設定やルールを確認し、レイアウトしましょう。ファイルをWeb用に保存する方法についてもご紹介します。

Section

100 バナーを作成する

キーワード
- カラー設定
- 単位
- 書き出し

これまで学習した機能を組み合わせて、バナーを作成しましょう。バナーのようなWeb用の画像に応じたカラー設定や単位で作業をし、Webにアップロードするためのファイルの保存方法まで確認しましょう。

バナーの作成

これまで学習した機能を組み合わせて、バナーを作成しましょう。各作業内の参照ページも振り返りながら、理解を深めましょう。基本的な手順通りに進めて頂き、デザインを検討する際は、配置や配色は好みに仕上げても構いません。

バナーは、Web用の画像です。Web用の画像に応じた設定で作業をしましょう。

バナーができたら、Webにアップロードできるように、Web用ファイルとして保存します。

ここで学習した内容は、ホームページの更新などをする際に役立ちます。

スイーツのバナーを作成

幅：500px × 高さ：500px

カラー設定を確認する

1 カラー設定を表示する

メニューバーの＜編集＞をクリックし❶、＜カラー設定＞をクリックします❷。

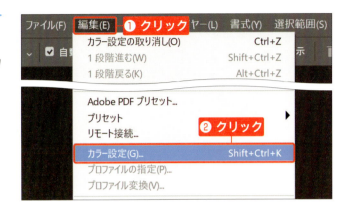

2 カラー設定を確認する

表示される＜カラー設定＞ダイアログで、＜設定＞の▼をクリックして❶、＜Web・インターネット用ー日本＞を選択し、＜OK＞をクリックします❷。
＜Web・インターネット用ー日本＞は、バナーなどのWeb用の画像を作成する際に利用するカラー設定です。

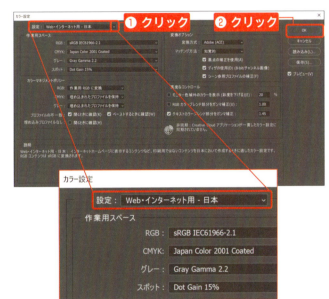

StepUp 印刷物を作成する場合のカラー設定

一般的に、印刷物を作成する際に利用するカラー設定は、＜プリプレス用ー日本2＞です。制作物に応じて変更しましょう。

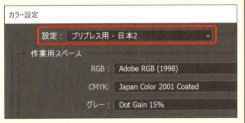

単位を確認する

1 環境設定を表示する

メニューバーの＜編集＞をクリックし❶、＜環境設定＞→＜単位・定規＞をクリックします❷。

2 単位を確認する

表示される＜環境設定＞ダイアログで、＜単位＞の＜定規＞と＜文字＞の ∨ をクリックして❶、それぞれ＜pixel＞を選択し、＜OK＞をクリックします❷。
＜pixel＞は、バナーなどのWeb用の画像を作成する際に利用する単位です。数値ボックスでは＜px＞と表示されます。

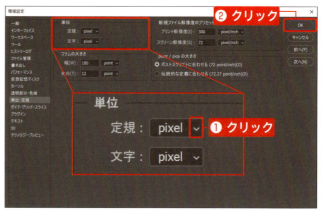

StepUp 印刷物を作成する場合の単位

一般的に、印刷物を作成する際に利用する単位は、＜定規＞は＜mm＞、＜文字＞は＜point＞です。＜point＞は、数値ボックスでは＜pt＞と表示されます。制作物に応じて変更しましょう。

新規ドキュメントを作成する

1 ドキュメントの設定をする

メニューバーの＜ファイル＞をクリックし、＜新規＞をクリックして、＜新規ドキュメント＞ダイアログを表示します。P.42を参考に、制作物に応じたドキュメントの設定をし、＜作成＞をクリックします❶。

ドキュメントの種類	Web
ドキュメント名	banner
幅・高さ	500ピクセル
方向	縦長
アートボード	チェックを外す
解像度	72ピクセル/インチ
カラーモード	RGBカラー　8bit
カンバスカラー	白
カラープロファイル	作業用RGB

2 ドキュメントが作成された

設定を元に、ドキュメントが作成されました。＜レイヤー＞パネルには、背景レイヤー（P.117）が作成されています。
以降、作業中は、まめにファイルを保存するようにしましょう（P.44）。

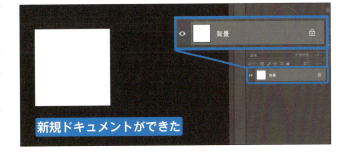

新規ドキュメントができた

StepUp アートボードの活用

アートボードとは、独立したカンバスのことで、1つのドキュメントに複数作成でき、複数のバナーなどを作成する際に便利です。＜新規ドキュメント＞ダイアログの＜アートボード＞にチェックを入れた場合、アートボードの中に通常の画像レイヤーが作成されます（P.117）。レイヤーグループのような感覚でレイヤーを整理できます。

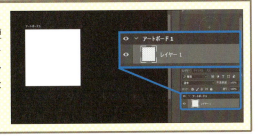

Chapter 12　総合演習

メイン画像を配置して調整する

1 画像を配置する

メニューバーの＜ファイル＞をクリックし、＜埋め込みを配置＞をクリックして、画像を配置します（P.178）。
画像の配置を確定すると、＜レイヤー＞パネルに＜cake＞という名前のスマートオブジェクトレイヤー（P.138）ができます。

配置するファイル	cake
配置倍率	75%

2 画像をシャープにする

＜cake＞レイヤーを選択した状態で、メニューバーの＜フィルター＞をクリックし、＜シャープ＞→＜アンシャープマスク＞（P.184）をクリックし、表示されるダイアログで設定し、＜OK＞をクリックします。すると、＜cake＞レイヤーにスマートフィルター＜アンシャープマスク＞ができます。

量	150%
半径	1.0pixel
しきい値	0

3 画像を明るくする

<cake>レイヤーを選択した状態で、<トーンカーブ>調整レイヤー(P.66)を追加し、<属性>パネルで明るくするカーブを作成します。すると、画像が明るくすっきりした印象になります。

入力→出力	128→159

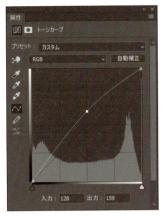

4 画像を鮮やかにする

<cake>レイヤーを選択した状態で、<色相・彩度>調整レイヤー(P.72)を追加し、<属性>パネルで<レッド系>を鮮やかにする設定をします。すると、画像内のレッド系の箇所が鮮やかになります。

<レッド系>の彩度	+20

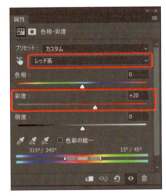

文字を入力・編集する

1 文字を入力する

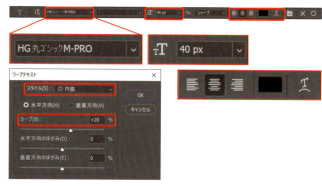

＜文字＞ツールを選択し、オプションバーで設定後、画像の上をクリックしてポイントテキスト（P.263）で文字を入力します。

入力内容	旬のベリーがたっぷり
フォント	HG丸ゴシックM-PRO
フォントサイズ	40px
行揃え	中央揃え
フォントカラー	ブラック
ワープ文字	円弧（カーブ：+20）

2 テキストを縁取る

手順1で作成したテキストレイヤーを選択し、レイヤースタイル＜境界線＞を適用します（P.196）。すると、テキストレイヤーに＜境界線＞が追加されます。

サイズ	5px
位置	外側
描画モード	通常
不透明度	100%
塗りつぶしカラー	ホワイト

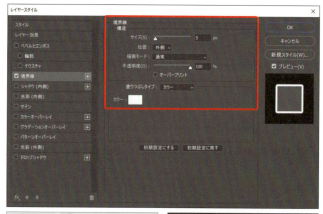

図形を配置する

1 長方形を作成する

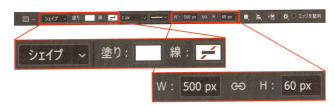

＜長方形＞ツールを選択し、オプションバーで設定後、画像の上をクリックしてダイアログが表示されたら＜OK＞をクリックします。すると、長方形のシェイプレイヤーができます（P.230）。

さらに、作成した長方形を、キャンバスの下端に整列します。オプションバーの＜パスの整列＞をクリックし❶、＜キャンバスに揃える＞をクリックしてチェックを入れ❷、＜下端＞をクリックします❸。すると、長方形がキャンバスの下端に整列します。

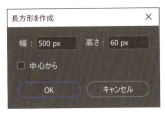

ツールモード	シェイプ
塗り	ホワイト
幅（W）	500px
高さ（H）	60px

Hint シェイプの整列

上記のシェイプの整列機能は、シェイプレイヤーと＜パス＞パネルのシェイプパスの両方が選択されていないと、設定できないので注意しましょう（P.128）。

2 長方形の不透明度を調整する

長方形のシェイプレイヤーが選択され多状態で、＜不透明度＞を調整し、半透明にします。また、動かないように をクリックして位置をロックをします（P.119）。

不透明度	50%
ロック方法	位置をロック

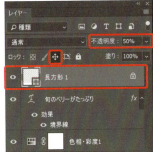

281

3 吹き出しを作成する

＜カスタムシェイプ＞ツールを選択し、オプションバーで設定後、画像の上を[Shift]を押しながらドラッグします。すると、吹き出しのシェイプレイヤーができます（P.117）。シェイプの読み込みについては、P.252を参照して下さい。

ツールモード	シェイプ
塗り	RGBイエロー
シェイプ	吹き出し／話3

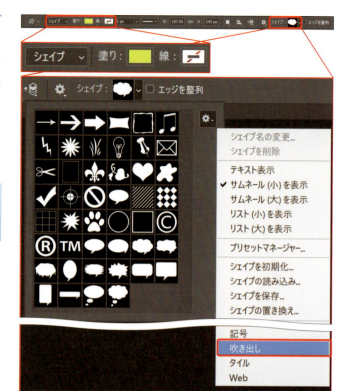

StepUp カスタムシェイプピッカーの表示形式

カスタムシェイプピッカーの表示形式は、初期設定で＜サムネール（小）を表示＞です。＜リスト（大）を表示＞に切り替えると、シェイプ名が表示され、シェイプを探しやすくなります。

残りの文字を入力・編集して完成させる

1 文字を入力する

残りの文字を入力します。「チーズとベリーのタルト」は、長方形の上に、「数量限定」は吹き出しの上に配置します。

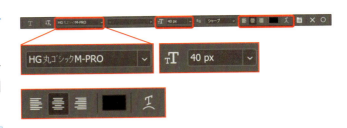

入力内容	チーズとベリーのタルト
フォント	小塚明朝Pr6N-B
フォントサイズ	50px
行揃え	中央揃え
フォントカラー	ブラック

入力内容	数量限定
フォント	HG丸ゴシックM-PRO
フォントサイズ	40px
行揃え	中央揃え
フォントカラー	ブラック

Hint 文字入力時の注意点

文字を入力する際、シェイプの上でクリックすると、シェイプがテキストフレームに変換され、段落テキスト(P.263)になります。シェイプの上をクリックせず、文字作成後に、シェイプの上に移動して配置しましょう。

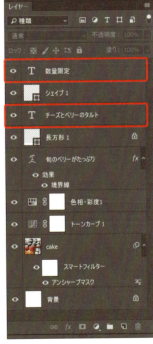

2 仕上がりを確認する

100%表示(原寸)でバナーの仕上がりを確認して完成させます。

＜書き出し形式＞を使ってWeb用にファイルを書き出す

1 ＜書き出し形式＞を選択する

メニューバーの＜ファイル＞をクリックし❶、＜書き出し＞→＜書き出し形式＞をクリックします❷。

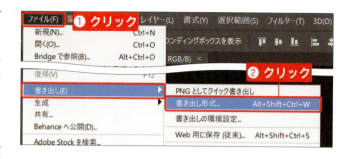

Hint 書き出し形式

＜書き出し形式＞は、CCのみの機能です。CS6以前の場合は、＜Web用に保存(従来)＞を使用しましょう(P.50)。

2 書き出しの設定をする

＜書き出し形式＞ダイアログが表示されます。＜ファイル設定＞で書き出すファイル形式(P.47)と画質を設定し❶、＜すべてを書き出し＞をクリックします❷。＜書き出し＞ダイアログが表示されるので、ファイルの保存先を指定し、＜保存＞をクリックします❸。すると、指定した保存先にWeb用のファイルが書き出されます。

Hint 複数のアートボードがある場合

複数のアートボードがある場合、左側のリストには、アートボード名が表示され、アートボードごとに書き出しの設定ができます。

Hint 画像サイズの調整

＜画像サイズ＞で書き出すサイズを指定できます。サイズ違いのバナーを書き出す際に便利です。

ファイルを書き出せた

本書で使用している画像について

本書で使用されている画像の一部は、クリエイティブ・コモンズ・ライセンス（CCライセンス）によって許諾されており、下記著作者による写真画像を編集・加工したものを含みます。
ライセンス内容を知りたい方は、こちらでご確認ください。　http://creativecommons.jp/licenses/
なお、本書では、カラー設定は、初期設定の「一般用－日本2」で作業しています。他のカラー設定にしている場合、プロファイルに関するダイアログが表示されることがあります。カラー設定については、本書のP.275をご覧ください。

■Sec8	flower1.jpg	©Cicely Miller　https://www.flickr.com/photos/53343503@N05/4973606752/in/faves-132182152@N03/
	flower2.jpg	©Cicely Miller　https://www.flickr.com/photos/53343503@N05/4972990507/in/faves-132182152@N03/
■Sec9	ranch.jpg	©NIUDADDY　https://www.flickr.com/photos/jeff6452/8320507350/in/faves-132182152@N03/
■Sec12	summer.jpg	©Ritesh Agarwal　https://www.flickr.com/photos/125484914@N02/14627449943/in/faves-132182152@N03/
■Sec13	bitmap.jpg	©oatsy40　https://www.flickr.com/photos/oatsy40/16426367108/in/faves-132182152@N03/
■Sec14	candle.jpg	©Ritesh Agarwal　https://www.flickr.com/photos/125484914@N02/14420761298/in/faves-132182152@N03/
■Sec15	lady.jpg	©Roderick Eime　https://www.flickr.com/photos/rodeime/15627238721/in/faves-132182152@N03/
■Sec16	layer1.psd	©Martin Abegglen　https://www.flickr.com/photos/twicepix/5107978080/in/faves-132182152@N03/
		©skeddy in NYC　https://www.flickr.com/photos/scottkeddy/5304086943/in/faves-132182152@N03/
■Sec17	teatime.jpg	©finedining indian　https://www.flickr.com/photos/finediningindian/8466832733/in/faves-132182152@N03/
■Sec18	restaurant.jpg	©Dan Taylor-Watt　https://www.flickr.com/photos/dantaylor/2538659579/in/faves-132182152@N03/
	vase.jpg	©decor8 holly　https://www.flickr.com/photos/decor8/8509234731/in/faves-132182152@N03/
■Sec19	cosmetics.jpg	©Roco Julie　https://www.flickr.com/photos/iamroco/6858991497/in/faves-132182152@N03/
■Sec20	birthday.jpg	©Ritesh Agarwal　https://www.flickr.com/photos/125484914@N02/14420730120/in/faves-132182152@N03/
■Sec21	sandwich.jpg	©Pen Waggener　https://www.flickr.com/photos/epw/5721758195/in/faves-132182152@N03/
	berry.jpg	©decor8 holly　https://www.flickr.com/photos/decor8/8465104429/in/faves-132182152@N03/
■Sec22	car.jpg	©Steve　https://www.flickr.com/photos/stvcr/2427643755/in/faves-132182152@N03/
■Sec23	dress.jpg	©Leopold Terence　https://www.flickr.com/photos/98794605@N03/9339450001/in/faves-132182152@N03/
■Sec24	pearl.jpg	©Ton Tip　https://www.flickr.com/photos/7692/16539490769/in/faves-132182152@N03/
■Sec25	puff.jpg	©stu_spivack　https://www.flickr.com/photos/stuart_spivack/193471590/in/faves-132182152@N03/
■Sec26	jump.jpg	©Global Panorama　https://www.flickr.com/photos/121483302@N02/15658415137/in/faves-132182152@N03/
■Sec27	sofa.jpg	©Paris on Ponce & Le Maison Rouge　https://www.flickr.com/photos/parisonponce/8036567460/in/faves-132182152@N03/
■Sec28	bicycle.jpg	©Michael　https://www.flickr.com/photos/mgobbi/3149358543/in/faves-132182152@N03/
■Sec29	sweets1.jpg	©electricnude　https://www.flickr.com/photos/electricnude/2688260527/in/faves-132182152@N03/
	sweets2.jpg	©Murat Livaneli　https://www.flickr.com/photos/muratlivaneli/6115969244/in/faves-132182152@N03/
■Sec30	gift.jpg	© Cicely Miller　https://www.flickr.com/photos/53343503@N05/4973607574/in/faves-132182152@N03/
	cherry.jpg	©jerryw387　https://www.flickr.com/photos/53417921@N08/4978854392/in/faves-132182152@N03/
■Sec31	frame.jpg	©Wicker Paradise　https://www.flickr.com/photos/wicker-furniture/8646022787/in/faves-132182152@N03/
	pretty.jpg	©Cicely Miller　https://www.flickr.com/photos/53343503@N05/4973016995/in/faves-132182152@N03/
■Sec32	candy.jpg	©jamz196　https://www.flickr.com/photos/92756229@N05/8434179344/in/faves-132182152@N03/
■Sec33	block.jpg	©Rain Love AMR　https://www.flickr.com/photos/ocalways/14638992771/in/faves-132182152@N03/
	black_shoes.jpg	©SPERA.de Designerschuhe, Taschen und Accessoires　https://www.flickr.com/photos/spera-designerschuhe/29254344896/in/faves-132182152@N03/
	white_shoes.jpg	©Mathilda Samuelsson　https://www.flickr.com/photos/xubangwen/9625067746/in/faves-132182152@N03/
■Sec34	fruits.jpg	©Personal Creations　https://www.flickr.com/photos/personalcreations/14888862819/in/faves-132182152@N03/
■Sec35	apple.jpg	©Apple and Pear Australia Ltd　https://www.flickr.com/photos/applesnpearsau/12197659796/in/faves-132182152@N03/
■Sec36	egg.jpg	©Kamil Kaczor　https://www.flickr.com/photos/infinity_studio/34523842270/in/faves-132182152@N03/
■Sec37	dessert.jpg	©Betsy Weber　https://www.flickr.com/photos/betsyweber/20050166470/in/faves-132182152@N03/
■Sec38	tea.jpg	©Tom Godber　https://www.flickr.com/photos/masochismtango/16698378159/in/faves-132182152@N03/
■Sec39	street.jpg	©Ritesh Agarwal　https://www.flickr.com/photos/125484914@N02/14606125582/in/faves-132182152@N03/
■Sec40～45, 46	layer2.psd, layer3.psd	©Martin Abegglen　https://www.flickr.com/photos/twicepix/5107978080/in/faves-132182152@N03/
		©skeddy in NYC　https://www.flickr.com/photos/scottkeddy/5304086943/in/faves-132182152@N03/
■Sec47	orange.jpg	© Beth Coll Anderson　https://www.flickr.com/photos/pixelrn/3357517154/in/faves-132182152@N03/
■Sec48	scenery.jpg	©noricum　https://www.flickr.com/photos/noricum/162130726/in/faves-132182152@N03/
■Sec49	silver.jpg	©Wicker Paradise　https://www.flickr.com/photos/wicker-furniture/9433544571/in/faves-132182152@N03/
■Sec50	field.jpg	© Fabrizio Sciami　https://www.flickr.com/photos/_fabrizio_/20994764168/in/faves-132182152@N03/
■Sec51	glass.jpg	©Personal Creations　https://www.flickr.com/photos/personalcreations/18066276474/in/faves-132182152@N03/
■Sec52	hill.jpg	©Tim Green　https://www.flickr.com/photos/atoach/25967620950/in/faves-132182152@N03/
■Sec53	coffee.jpg	©Olga Khomitsevich　https://www.flickr.com/photos/zemzina/5626541925/in/faves-132182152@N03/
■Sec54	tomato.jpg	©Markus Spiske　https://www.flickr.com/photos/markusspiske/14374432286/in/faves-132182152@N03/
■Sec55	spoon.jpg	©Zyada　https://www.flickr.com/photos/zyada/4690069164/in/faves-132182152@N03/
	cup.jpg	©David Hart　https://www.flickr.com/photos/davharuk/5413515095/in/faves-132182152@N03/
■Sec56	wine.jpg	©Brendan DeBrincat　https://www.flickr.com/photos/quacktaculous/3020750515/in/faves-132182152@N03/
	night.jpg	©t-mizo　https://www.flickr.com/photos/tmizo/4389071189/in/faves-132182152@N03/
■Sec57	lake.jpg	©Dennis Jarvis　https://www.flickr.com/photos/archer10/8100676011/in/faves-132182152@N03/
	room.jpg	©Tom Merton　https://www.flickr.com/photos/58842866@N08/5388656060/in/faves-132182152@N03/
■Sec58	vectormask.psd	©Luke Jones　https://www.flickr.com/photos/befuddledsenses/10806660265/in/faves-132182152@N03/
■Sec59	clippingmask1.psd	©Lydie　https://www.flickr.com/photos/simply_lydie/8556318194/in/faves-132182152@N03/
	clippingmask2.psd	©Tim Geers　https://www.flickr.com/photos/timypenburg/4649617096/in/faves-132182152@N03/
		©midorisyu　https://www.flickr.com/photos/midorisyu/2082770775/in/faves-132182152@N03/
■Sec61	fog.psd	©Jöshua Barnett　https://www.flickr.com/photos/angel_malachite/3474835373/in/faves-132182152@N03/
	sign.psd	©Prairie Kittin　https://www.flickr.com/photos/prairiekittin/3636159094/in/faves-132182152@N03/
	mode.psd	©Kain Kalju　https://www.flickr.com/photos/kainkalju/3800819258/in/faves-132182152@N03/
■Sec62	layer_comp.psd	©Dalibor Tomic　https://www.flickr.com/photos/dalibort82/14334740118/in/faves-132182152@N03/
		©Serhio Magpie　https://www.flickr.com/photos/7818858078/in/faves-132182152@N03/
■Sec63	wall.jpg	©Eduard Anton　https://www.flickr.com/photos/eduardanton/11382471203/in/faves-132182152@N03/
■Sec64	drink.jpg	©Wicker Paradise　https://www.flickr.com/photos/wicker-furniture/9054715319/in/faves-132182152@N03/
■Sec65	accessories.jpg	©m_mido_2010 b　https://www.flickr.com/photos/112306614@N02/16686681952/in/faves-132182152@N03/
■Sec66	sea.jpg	©Wicker Paradise　https://www.flickr.com/photos/wicker-furniture/9219351953/in/faves-132182152@N03/
■Sec67	cat.jpg	©Wicker Paradise　https://www.flickr.com/photos/wicker-furniture/8644154579/in/faves-132182152@N03/
■Sec68	garden.jpg	©Personal Creations　https://www.flickr.com/photos/personalcreations/16286724194/in/faves-132182152@N03/
■Sec69	mothersday.psd	©Personal Creations　https://www.flickr.com/photos/personalcreations/16912321638/in/faves-132182152@N03/
■Sec70	snack.psd	©Personal Creations　https://www.flickr.com/photos/personalcreations/27818931554/in/faves-132182152@N03/
		©Rebecca Siegel　https://www.flickr.com/photos/grongar/7395683298/in/faves-132182152@N03/
■Sec73	party.psd	©Mark Basset　https://www.flickr.com/photos/158839459@N03/36644339404/in/faves-132182152@N03/
		©Orçun Edipoğlu　https://www.flickr.com/photos/orcunedipoglu/22148454778/in/faves-132182152@N03/
■Sec74	newspaper.jpg	©Felix Leupold　https://www.flickr.com/photos/fjleupold/4882179074/in/faves-132182152@N03/
■Sec75	strawberry.jpg	©decor8 holly　https://www.flickr.com/photos/decor8/8948788994/in/faves-132182152@N03/
■Sec81	Illustration.jpg	©Sue　https://www.flickr.com/photos/bluesky_blogger/212538220/in/faves-132182152@N03/
■Sec82	gold.jpg	©McArthurGlen Designer Outlets　https://www.flickr.com/photos/93153549@N06/38401259852/in/faves-132182152@N03/
■Sec100	cake.jpg	©Alexander Kaiser　https://www.flickr.com/photos/poolie/2368885028/in/faves-132182152@N03/

索 引

数字

100%表示	041
2階調化	082

A〜R

Adobe Creative Cloud	014
Adobe ID	014
CMYK	057
Creative Cloudアプリ	019
Illustratorのパス	256
Lightroom CC	016
Lightroom Classic CC	016
Photoshop	012
ppi	054
RGB	057

あ行

アルファチャンネル	092
アンカーポイント	238, 241
アンカーポイント（点）	231
アンカーポイントの切り替えツール	245
アンカーポイントの削除ツール	243
アンカーポイントの追加ツール	242
アンシャープマスク	184
インストール	017
覆い焼きツール	070
オープンパス	231, 232
オプションバー	022

か行

可逆圧縮	050
角度補正	145
カスタムシェイプ	248
カスタムシェイプツール	258
画像解像度	054
画像レイヤー	117, 121
カラーの設定	028
カラーの適用	089
カラーパネル	212
カラーバランス	080
カラーピッカー	214
カラープロファイル	043
カラーモード	056
カンバスカラー	043
カンバスサイズ	146
起動	020
曲線	236
許容値	104

切り抜きツール

切り抜きツール	142, 144
近似色を選択	113
クイック選択ツール	102, 104
クイックマスク	028, 099, 108
グラデーション	086
グラデーションエディター	222
グラデーションオーバーレイ	202
グラデーションツール	158, 222
クリッピングマスク	168
クローズパス	231, 234
消しゴムツール	135, 226
光彩	204
コーナーポイント	244
コピースタンプツール	132
コンテンツに応じた拡大・縮小	148

さ行

作業用パス	110
作業履歴	048
シェイプ	206, 230
シェイプレイヤー	117
しきい値	083
色相・彩度	072, 074
色相の統一	074
自然な彩度	076
修復ブラシ	134
終了	021
白黒	084
新規ドキュメント	042
スウォッチパネル	210
ズームツール	038
スクリーンモードの切り替え	029
ステータスバー	022
スポット修復ブラシツール	136
スポンジツール	078
スマートオブジェクト	138, 180, 182
スマートフィルター	182
スムーズポイント	244
整列	128
セグメント（線）	231
全体表示	041
選択範囲	093
選択範囲内へペースト	163
選択範囲を反転	106
属性パネル	060

た行

楕円形選択ツール	097
多角形選択ツール	100
ダスト&スクラッチ	138

INDEX

段落テキスト ……………………… 263, 266
調整レイヤー ………………… 059, 060, 117
長方形選択ツール ………………………… 096
直線（オープンパス） …………………… 232
ツールパネル ……………………… 022, 024
テキストレイヤー …………………………… 117
手のひらツール ……………………………… 039
トーンカーブ ………………………………… 066
ドキュメントタブ …………………………… 022
閉じる ………………………………………… 037
ドック ………………………………………… 022
ドロップシャドウ …………………………… 198

な行

なげなわツール ……………………………… 098
ナビゲーターパネル ………………………… 040
塗りつぶしツール …………………………… 224
塗りつぶしレイヤー ………………… 117, 170

は行

背景消しゴムツール ………………………… 227
背景色 ………………………………………… 208
背景レイヤー ………………………… 117, 121
配置 …………………………………………… 178
バウンディングボックス …………… 127, 164
パス …………………………………… 167, 230
パスコンポーネント選択ツール …………… 231
パス上テキスト ……………………………… 263
パス選択ツール ……………………… 231, 247
パスの境界線 ………………………………… 259
パスを選択範囲として読み込む …………… 111
パターン ……………………………………… 250
パッチツール ………………………………… 140
バナー ………………………………………… 274
パネル ……………………………… 022, 030
非可逆圧縮 …………………………………… 050
ヒストグラム ………………………………… 064
ヒストリーパネル …………………………… 048
ビット（bit）数 ……………………………… 053
ビットマップ画像 …………………………… 052
描画色 ………………………………………… 208
描画モード …………………………………… 172
開く …………………………………………… 036
ファイル形式 ………………………………… 047
フィルターギャラリー ……………………… 190
フィルターマスク …………………… 182, 188
縁取り ………………………………………… 196
ブラシ ………………………………………… 079
ブラシツール ………………………………… 216

ブラシプリセット …………………………… 218
分布 …………………………………………… 129
ペースト形式 ………………………………… 256
ベクトル画像 ………………………………… 053
ベクトルマスク ……………………………… 166
別名で保存 …………………………………… 045
ベベルとエンボス …………………………… 200
ペンツール ………… 232, 234, 236, 238, 240
ポイントテキスト …………………… 263, 264
方向点 ………………………………………… 244
ぼかし（ガウス） …………………………… 186
補色 …………………………………………… 081
保存 …………………………………………… 044

ま行

マグネット選択ツール ……………………… 101
マジック消しゴムツール …………………… 227
メニューバー ………………………………… 022
文字ツール …………………………………… 262
ものさしツール ……………………………… 145

や行

焼き込みツール ……………………………… 070
横書き文字ツール …………… 264, 266, 268

ら行

ラスタライズ ………………………………… 270
レイヤー ……………………………… 058, 116
レイヤーカンプパネル ……………………… 176
レイヤー効果 ………………………………… 196
レイヤーパネル ……………………………… 060
レイヤーマスク ……………… 152, 158, 162
レベル補正 …………………………………… 062

わ行

ワークスペース ……………………………… 022
ワープ ………………………………………… 268

287

まきの ゆみ（アドビ認定インストラクター）
広島県出身。早稲田大学大学院商学研究科修士課程修了。出版社・広告代理店で営業職として勤務後、フリーランスで活動開始。広告プランナーとして活動しながら、大日本印刷関連会社でDTP業務にも携わる。現在は、Adobe認定インストラクターとして、Adobe製品の企業・団体向け出張講習を行うほか、オンライン動画学習サービス『schoo(スクー) WEB-campus』にも登壇しており、「デザイン・ITをわかりやすく便利で身近なものに」をモットーに、次世代に知識と経験を伝えるために精力的に活動中。

■チュートリアルブログ
https://ameblo.jp/mixtyle

■schoo（スクー）WEB-campus
https://schoo.jp/teacher/969

今すぐ使える
かんたん
Photoshop CC

2018年 7月6日　初版　第1刷発行

著者名　　まきのゆみ
発行者　　片岡　巖
発行所　　株式会社 技術評論社
　　　　　東京都新宿区市谷左内町21-13
　　　　　電話　03-3513-6150　販売促進部
　　　　　　　　03-3513-6160　書籍編集部
装丁●田邉恵里香
本文デザイン●吉名 昌（はんぺんデザイン）
編集／DTP●リブロワークス
担当●矢野俊博
製本／印刷●大日本印刷株式会社

定価はカバーに表示してあります。

落丁・乱丁がございましたら、弊社販売促進部までお送りください。交換いたします。

本書の一部または全部を著作権法の定める範囲を超え、無断で複写、複製、転載、テープ化、ファイルに落とすことを禁じます。

©2018　まきのゆみ

ISBN978-4-7741-9826-2 C3055
Printed in Japan

お問い合わせについて

本書に関するご質問については、本書に記載されている内容に関するもののみとさせていただきます。本書の内容と関係のないご質問につきましては、一切お答えできませんので、あらかじめご了承ください。また、電話でのご質問は受け付けておりませんので、必ずFAXか書面にて下記までお送りください。
なお、ご質問の際には、必ず以下の項目を明記していただきますようお願いいたします。

1　お名前
2　返信先の住所またはFAX番号
3　書名（今すぐ使えるかんたん Photoshop CC）
4　本書の該当ページ
5　ご使用のOSとソフトウェアのバージョン
6　ご質問内容

なお、お送りいただいたご質問には、できる限り迅速にお答えできるよう努力いたしておりますが、場合によってはお答えするまでに時間がかかることがあります。また、回答の期日をご指定なさっても、ご希望にお応えできるとは限りません。あらかじめご了承くださいますよう、お願いいたします。

FAX

1　お名前
　技術　太郎

2　返信先の住所またはFAX番号
　03-XXXX-XXXX

3　書名
　今すぐ使えるかんたん
　Photoshop CC

4　本書の該当ページ
　180ページ

5　ご使用のOSとソフトウェアのバージョン
　Windows 10 Pro
　Photoshop CC 2018

6　ご質問内容
　手順通りに操作できない

※ご質問の際に記載いただきました個人情報は、回答後速やかに破棄させていただきます。

問い合わせ先

〒162-0846　東京都新宿区市谷左内町21-13
株式会社技術評論社　書籍編集部
「今すぐ使えるかんたん Photoshop CC」質問係
FAX番号　03-3513-6167

http://gihyo.jp/book/